纳米材料热电性能的
第一性原理计算

吕树申　王晓明　陈楷炫　著

科学出版社
北　京

内 容 简 介

本书是一本专门介绍纳米热电材料性能的第一性原理计算的专著。书中介绍了纳米热电材料的相关理论基础；系统介绍了第一性原理计算方法；着重描述了碳纳米管、石墨烯、硅烯与锗烯、石墨炔和石墨炔纳米管、过渡金属硫系化合物、ⅤA族二维材料和磷烯的热电输运特性；简要介绍了二维拓扑绝缘体的拓展研究；可为高性能纳米热电材料的设计提供参考。

本书可供在材料、能源、化工、环境、冶金、动力、交通、航空、核能等工业部门中从事新材料、新能源、节能技术的科研、设计、运行和管理人员及高等院校相关专业的师生参考使用。

图书在版编目(CIP)数据

纳米材料热电性能的第一性原理计算/吕树申，王晓明，陈楷炫著.—北京：科学出版社，2019.3
ISBN 978-7-03-060639-6

Ⅰ. ①纳⋯　Ⅱ. ①吕⋯　②王⋯　③陈⋯　Ⅲ. ①纳米材料—研究
Ⅳ. ①TB383

中国版本图书馆 CIP 数据核字（2019）第 037046 号

责任编辑：郭勇斌　肖　雷/责任校对：邹慧卿
责任印制：张克忠/封面设计：无极书装

科学出版社出版
北京东黄城根北街 16 号
邮政编码：100717
http://www.sciencep.com

北京凌奇印刷有限责任公司 印刷
科学出版社发行　各地新华书店经销
*
2019 年 3 月第 一 版　开本：720×1000　1/16
2019 年 3 月第一次印刷　印张：14
字数：246 000
POD定价：88.00元
（如有印装质量问题，我社负责调换）

前　言

热电材料是一种将热能与电能相互转化的材料，热电材料基于热电效应，包括 Seebeck 效应、Peltier 效应和 Thomson 效应。热电材料可以转换工业余热进行温差发电，热电转换技术作为一种环境友好的清洁能源技术，关键是寻求热电性能好的热电材料。

热电材料的发展从材料本身的结构来看呈现三大趋势：一是将传统的热电材料纳米结构化，借助于传统热电材料的无量纲热电优值系数（ZT）相对较高，通过纳米结构化，进一步提高其 ZT；二是制备多尺度层次多组分的复合材料，利用多尺度层次多组分提高热电因子中的某个因子，而其他因子尽量不变，从而提高材料的 ZT；三是材料本身的 ZT 并不高，但是其纳米结构，如纳米管、纳米线、量子点、超晶格等新的纳米结构，可使其 ZT 得到显著的提高。

从热电效应的本质上讲，热电输运过程就是电子和声子输运能量的过程，热电材料的发展又可以分为材料的电子工程设计和声子工程设计。因此，研究纳米材料电子、声子的热电输运过程，能够指导开发性能优异的新型纳米热电材料，对当下的能源与环境问题具有非常重要的意义。

作者从 2009 年开始致力于第一性原理计算研究并针对纳米材料进行模拟分析，尤其是将纳米热电材料作为研究目标，希望为未来的潜在能源材料提供研究基础。期间王晓明（《低维碳材料热及热电输运的第一性原理研究》，2014 年中山大学博士论文）和陈楷炫（《典型二维材料热特性的第一性原理研究》，2017 年中山大学博士论文）在攻读博士学位期间做了大量的工作。本书第一章介绍了与纳米热电材料相关的概念，包括热电效应、高性能热电材料特性、典型的低维碳材料和新型二维材料，以及低维材料热输运的相关计算方法；第二章系统介绍了第一性原理计算方法，主要包括密度泛函理论和非平衡格林函数方法，以及一些通用的第一性原理计算软件；第三章着重描述了碳纳米管的声子特性、热输运特性及热电输运特性；第四章系统描述了石墨烯的透射系数、热输运特性、热电性能及其功能化条带的影响，以及硅烯与锗烯的部分研究结果；第五章主要介绍石墨炔和石墨炔纳米管的结构及其热电性能；第六章主要介绍过渡金属硫系化合物的热电输运，涉及二维单层、纳米管结构及 WSe_2 纳米条带的边缘不规则效应；第七章主要介绍了VA族二维材料和磷烯的热电输运，尤其是涉及应力效应对热电性能的提升内容；第八章进一步拓展到二维拓扑绝缘体的第一性原理计算。这些内容希望能为对纳米材料结构及性能的第一性原理计算感兴趣的研究人员和工程师提供参考。

  本书在撰写过程中得到同事和同行专家的大力支持和鼓励，清华大学曹炳阳教授、西安交通大学唐桂华教授对全书进行了审稿并提出许多真知灼见的修改意见，莫冬传博士、王晓明博士和陈楷炫博士对全书的结构、内容和图文修改提出宝贵建议并做了大量工作，李敏珊博士为全书的排版付出很多精力，科学出版社的编辑为本书的出版作了大量艰辛而卓有成效的工作。

  本书得到国家自然科学基金（51676212）的资助，特此感谢！

  由于作者水平有限，书中难免有不足和有争议的地方，我们期待来自各个方面的建议与指正。

吕树申

2018 年 9 月于康乐园

目 录

前言

第1章 纳米热电材料 ... 1
1.1 纳米尺度热输运 ... 1
1.2 热电转换 ... 1
1.2.1 热电效应 ... 1
1.2.2 热电优值与热电转换效率 ... 3
1.2.3 高性能热电材料 ... 6
1.3 低维碳材料 ... 7
1.3.1 碳纳米管 ... 8
1.3.2 石墨烯 ... 15
1.3.3 石墨炔和石墨炔纳米管 ... 32
1.4 新型二维材料 ... 34
1.4.1 过渡金属硫系化合物 ... 34
1.4.2 VA族材料 ... 35
1.4.3 拓扑绝缘体 ... 37
1.5 低维材料热输运的计算方法 ... 44
1.5.1 分子动力学法 ... 44
1.5.2 玻尔兹曼输运方程法 ... 45
1.5.3 朗道公式法 ... 47

参考文献 ... 48

第2章 第一性原理计算方法 ... 65
2.1 密度泛函理论 ... 65
2.1.1 近似基础 ... 65
2.1.2 Hohenberg-Kohn 定理 ... 66
2.1.3 Kohn-Sham 方程 ... 67
2.1.4 交换关联泛函 ... 70
2.2 非平衡格林函数方法 ... 72

    2.2.1 电子-NEGF ··· 72

    2.2.2 声子-NEGF ··· 74

  2.3 第一性原理计算软件 ··· 75

    2.3.1 Quantum ESPRESSO ·· 75

    2.3.2 VASP ··· 75

    2.3.3 Siesta ··· 76

    2.3.4 Phonopy ··· 76

    2.3.5 WanT ··· 76

    2.3.6 其他软件 ··· 77

  参考文献 ··· 77

第 3 章 碳纳米管 ··· 80

  3.1 碳纳米管声子的透射系数 ··· 80

  3.2 碳纳米管的热输运特性 ··· 82

    3.2.1 温度、管径与 CNT 热导的关系 ······································· 82

    3.2.2 管长与 CNT 热导的关系 ·· 84

    3.2.3 MWCNT 的热导 ··· 84

    3.2.4 电子对 CNT 热导的贡献 ·· 85

  3.3 碳纳米管的热电输运特性 ··· 88

  参考文献 ··· 91

第 4 章 石墨烯 ··· 93

  4.1 石墨烯的透射系数 ··· 93

    4.1.1 石墨烯的声子透射系数 ·· 93

    4.1.2 石墨烯的电子透射系数 ·· 95

  4.2 石墨烯的热输运特性 ··· 97

    4.2.1 温度与石墨烯热导的关系 ·· 97

    4.2.2 多层石墨烯的热导 ·· 97

    4.2.3 基底对石墨烯热导的影响 ·· 102

    4.2.4 电子对石墨烯热导的贡献 ·· 109

  4.3 石墨烯的热电性能 ··· 110

    4.3.1 石墨烯本身的热电性质 ·· 110

    4.3.2 石墨烯-hBN 超晶格（G-hBN）的热电性质 ··················· 113

  4.4 键-键连接石墨烯功能化条带 ·· 116

    4.4.1 有机功能团连接 ·· 116

    4.4.2 金属原子官能团连接 ··· 118

    4.4.3 条带宽度的影响 ·· 119

4.5 硅烯与锗烯 120
  4.5.1 二维单层结构 120
  4.5.2 一维条带结构 121
参考文献 122

第 5 章 石墨炔和石墨炔纳米管 125

5.1 石墨炔 125
  5.1.1 石墨炔的透射系数 125
  5.1.2 石墨炔的热导 128
  5.1.3 石墨炔的热电性质 130
5.2 石墨炔纳米管 133
  5.2.1 石墨炔纳米管（GNT）的透射系数 133
  5.2.2 石墨炔纳米管的声子热导 136
  5.2.3 石墨炔纳米管的热电性质 136
参考文献 140

第 6 章 过渡金属硫系化合物的热电输运 141

6.1 二维单层与纳米管结构 141
  6.1.1 电子结构 143
  6.1.2 热电输运特性 146
  6.1.3 管径的影响 150
6.2 WSe_2 纳米条带 152
  6.2.1 体系结构 153
  6.2.2 电子结构 155
  6.2.3 声子谱与热导 157
  6.2.4 高热电优值和边缘不规则效应 159
参考文献 161

第 7 章 VA 族二维材料的热电输运 164

7.1 VA 族二维材料的结构设计 164
7.2 VA 族二维材料的输运特性 166
  7.2.1 声子谱与热力学稳定性 166
  7.2.2 电子结构 168
7.3 VA 族二维材料的热电性能 170
  7.3.1 热电因子分析 170
  7.3.2 应力效应对热电性能的提升 173

7.4 磷烯 ·· 175
    7.4.1 二维磷烯结构 ·· 175
    7.4.2 一维磷烯结构 ·· 177
参考文献 ·· 179

第8章 二维拓扑绝缘体 ·· 181

8.1 体系结构 ·· 181
    8.1.1 原子结构 ··· 181
    8.1.2 体系稳定性分析 ·· 183
8.2 自旋-轨道耦合作用 ·· 185
    8.2.1 电子能带 ··· 185
    8.2.2 拓扑不变量的计算 ··· 186
8.3 应力效应 ·· 187
8.4 一维纳米条带表面态 ·· 189
参考文献 ·· 191

附录一   名词释义 ··· 192
附录二   自编程序代码 ··· 196

第 1 章 纳米热电材料

1.1 纳米尺度热输运

随着集成电路（IC）微小型化的继续发展，当今的晶体管发展到了纳米尺度。晶体管特征尺寸的减小能够显著地提升整个电路的性能，同时可以大大降低单位元器件的生产成本。高集成化的电路使得多达数以亿计的晶体管集成在一个几平方厘米的电子芯片上。如此密集的晶体管工作时产生的热量在电子芯片上聚集，温度持续升高，导致电子芯片性能下降。目前，电子芯片的热流密度达到了 $100\ \text{W} \cdot \text{cm}^{-2}$ 量级。如此高的热流密度给纳米电子元器件的散热带来了严峻的挑战。因此，电子元器件的散热，尤其是纳米尺度单个晶体管的散热成为科学研究的一个重要问题。优化电路设计是解决问题的一个方面，而更为重要的则是寻求导热性能优异的材料，使电子芯片产生的热量快速地传导出去[1,2]。

电子器件工作时产生的热量来自于电子与声子（晶格振动）的相互作用。当今电子器件的尺寸趋近甚至小于电子和声子的平均自由程（MFP）（通常为 10 nm 和 100 nm 量级），而且随着技术的发展，器件的尺寸会变得更小。在纳米或亚纳米尺度下，弹道传导将主导电子和声子的能量输运。因此，弹道输运伴随着纳米材料的出现成为近年来科学研究的热门话题。研究纳米结构中电子、声子的弹道热输运对于发展新的导热材料、解决电子芯片散热等问题具有至关重要的意义。

1.2 热 电 转 换

1.2.1 热电效应

1822 年，Thomas Seebeck 发现对材料施加一个温度梯度，能在热端和冷端发现一个电势差，这被称作泽贝克效应（Seebeck effect）。其中，当温差较小时，电势差 V 与温差 ΔT 呈线性关系，其比值定义为泽贝克系数 S，单位为 $\text{V} \cdot \text{K}^{-1}$，为材料的固有属性，如式（1-1）所示，由于一般材料的泽贝克系数较低，因此更为常用的单位为 $\mu\text{V} \cdot \text{K}^{-1}$。

$$S = V / \Delta T \tag{1-1}$$

从微观上分析，泽贝克效应的形成原因如下：当温度梯度施加于材料两端，由于热端和冷端处于不同温度下，两端载流子所具有的动能出现梯度，热端的载流子具有更高的动能而流向冷端，从而使冷端的载流子浓度较高。因此，在冷端和热端之间形成了一个电势差，其作用与载流子扩散的方向相反。内部电场会逐渐增大，直至电场对载流子的阻碍作用与载流子本身的扩散作用相抵消。

佩尔捷效应（Peltier effect）则是与泽贝克效应相反的现象，1854 年，Thomson Peltier 发现当电流通过由两种不同金属所构成的结点时，会出现吸热或放热的现象，取决于材料的组成及电流的方向，这主要来源于两种金属具有不同的费米能。通过式（1-2）定义佩尔捷系数 Π，代表单位电流 I 所吸收或放出的热量 Q。佩尔捷系数和泽贝克系数通过式（1-3）相关联，其中 S 为两种金属的相对泽贝克系数，T 为结点处的温度[3]。

$$\Pi = Q / I \tag{1-2}$$

$$\Pi = ST \tag{1-3}$$

除此之外，还存在另一种热电转换的效应——汤姆孙效应（Thomson effect），在 1851 年由 Thomson Peltier 从理论上推导得出并验证。对均匀的通电导体施加一个温度梯度 ΔT，在这段导体上，会出现吸热或放热现象，假设电流值为 I，其吸收或放出的热量值 Q 为

$$Q = \beta I \Delta T \tag{1-4}$$

其中，β 为汤姆孙系数，其与泽贝克系数 S 具有如下关系式

$$\beta = T \frac{\mathrm{d}S}{\mathrm{d}T} \tag{1-5}$$

要将热电材料应用于器件中，并不只依靠单一材料，而是利用由 PN 结（由 P 型半导体和 N 型半导体组成）构成的体系，图 1-1 展示了在热电制冷及温差发电方面的 PN 结器件组成结构。在图 1-1（a）中表示的制冷模式下，当对 PN 结提供一个外加电压，恒定的电流通过 N 型半导体（电子作为载流子并具有负的泽贝克系数）和 P 型半导体（空穴作为载流子并具有正的泽贝克系数），其吸放热情况是不同的。N 型半导体中电子作为载流子，移动方向与电流方向相反，P 型半导体中空穴作为载流子，移动方向与电流方向相同。这两部分的共同作用都体现为将载流子（包括载流子携带的热量）从一端（冷端）输送到另一端（热端），因此造成了热端和冷端之间的温差。而在图 1-1（b）中表示的发电模式下，在高温热源和低温热沉的作用下，P 型半导体和 N 型半导体中的载流子从高温区域移动

到低温区域（载流子动能降低的方向），载流子的移动产生了电流，P型半导体中靠空穴传输，移动方向与电流方向相同，N型半导体靠电子传输，移动方向与电流方向相反，在图1-1中的PN结排布下，两者都产生了相同的电流方向。在实际的器件中，大量的PN结通过交替排列的方式串联在一起，这样便可产生足够大的电流（发电模式）和足够大的温差（制冷模式）。

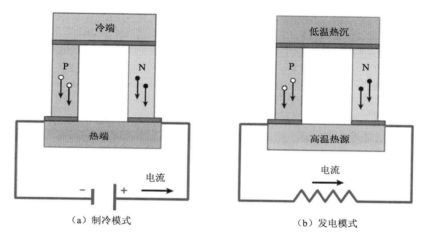

图1-1　PN结器件的热电制冷与温差发电的示意图[4]

1.2.2　热电优值与热电转换效率

材料的热电性能受多个物理参数影响，为了综合衡量热电材料的性能，本书采用了广泛接受的无量纲ZT来对其进行衡量[5]，称为材料的热电优值，热电优值越高，能源转换效率越高，其定义式如下

$$ZT = \frac{\sigma S^2 T}{\kappa} \tag{1-6}$$

式中，σ为电导；S为泽贝克系数；κ为热导。由于体系的热流可通过晶格振动和电子载流子进行输运，因此热导可由电子和声子共同贡献[6]，如式（1-7）所示。

$$\kappa = \kappa_{el} + \kappa_{ph} \tag{1-7}$$

其中，κ_{el}为电子热导，κ_{ph}为声子热导。由热电优值的定义式可知，若想获得一个较高的热电优值，材料本身必须具备较高的电导、泽贝克系数及较低的热导。然而这几个物理量之间存在着相互关联，很难控制某一物理量不变而改变其他物理量的大小[7]，从这些物理量与体系的载流子浓度关系可以看出，载流子浓度的提高能得到较高的电导和电子热导，然而泽贝克系数却随着载流子浓度的升高而减小，见图 1-2。在特定的体系下，存在一个最优的载流子浓度，使得热电优值达到最大，这个载流子浓度一般在 10^{19} cm^{-3} 左右[4]。在半导体中，降低声子热导也有助于提高热电性能，如图 1-3 所示。而在金属中，由于电子热导占比大，声子热导占比小，所以降低声子热导对热电性能的提高没有那么明显。

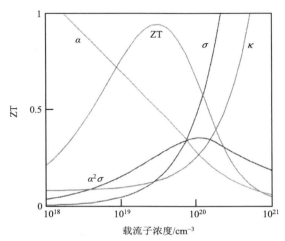

图 1-2 电导 σ、泽贝克系数 S、热导 κ 与载流子密度的关系图[8]

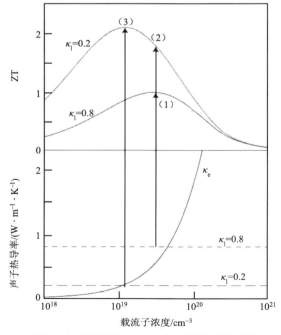

图 1-3 声子热导率 κ 对热电优值的影响[8]

正因为热电因子之间的相互关联性,在过去几十年,热电材料的热电优值一直处于较低的数值范围(<1),直到 1993 年,Hicks 和 Dresselhaus[7, 9]指出纳米材料可用于设计高性能热电材料,热电优值才有了质的提升,如图 1-4 所示。这主要是因为在低维体系中,小尺寸带来的量子束缚效应,导致空间自由度降低,热电因子之间的相互关联作用会有一定程度的减弱,才给通过调整某一物理量进行热电性能的优化带来了可能性。

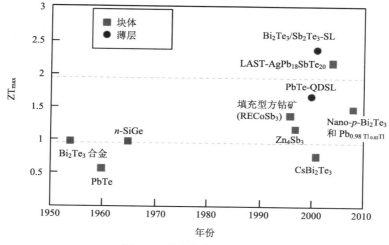

图 1-4 热电优值的发展[4]

即使部分纳米材料的热电优值能达到 2,但其能量转换效率依旧处于较低的水平。在固定温差梯度下,能量转换的最高效率受卡诺效率 η_c 制约,η_c 是该温差下($\Delta T = T_h - T_c$)能量转换的最大效率,定义式如式(1-8)所示。在固定温差下,热电材料将热量转换为电能的效率则由材料的热电优值决定,其最大转换效率 η_{TE} 如式(1-9)所示。

$$\eta_c = \frac{\Delta T}{T_h} = \frac{T_h - T_c}{T_h} \tag{1-8}$$

$$\eta_{TE} = \frac{\Delta T}{T_h} \cdot \frac{\sqrt{1+ZT}-1}{\sqrt{1+ZT}+\frac{T_c}{T_h}} \tag{1-9}$$

在不同的热电优值下,能量转换效率差别很大,图 1-5 展示了在不同温差下固定热电优值的发电效率 η_{TE} 与相同条件下卡诺效率 η_c 的差别,要让热电材料在能量转换效率上达到工业应用的水平以取代传统的机械发电,热电优值需在 4~5 以上,目前实际应用主要集中在部分特殊领域,如空间站小功率器件上的发电、热电制冷冰箱等，这是考虑热电转换具备无泄漏问题、无移动部件、绿色环保等优点。

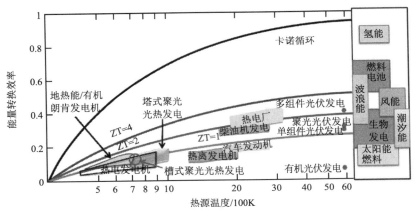

图 1-5　热电优值与能量转换效率关系曲线[10]

1.2.3　高性能热电材料

为了提高材料的热电优值，许多学者做了很多探索，主要包括降低材料的热导率、调整电子结构和提高载流子迁移率等方式。对纳米结构材料，Tang 等[11]和 Fu 等[12]提出了热流协同角概念定量解释了材料内部结构差异导致不同热导率的原因，并可直接对纳米多孔、多晶及复合热电材料的结构设计提供指导。热流协同角指材料中总热流方向与总热流在温度梯度方向上分量的夹角。纳米多孔薄膜和复合材料的计算研究结果表明，越大的平均热流角对应越低的热导率。通过分析材料的热流协同角分布，可在热流协同角小的位置增加纳米孔或颗粒以增强声子-边界散射，增大热流协同角，从而降低热导率，而在热流协同角大的位置增强声子散热则对降低热导率不明显。Venkatasubramanian 等[13]通过改变声子和电子的输运，使得 P 型 Bi_2Te_3/Sb_2Te_3 超晶格薄膜的热电优值可达到 2.4。Yan 等[14]通过球磨热压法制备了 N 型 $Bi_2Te_{2.7}Se_{0.3}$ 样品，其在 380 K 下热电优值可达到 1.04，主要来源于电导率的提高。Guo 等[15]通过区域熔融和热压法对载流子浓度进行调控，使得 Tl_9BiTe_6 在 450 K 以上热电优值可达到 1，560 K 下热电优值为 0.86。Zhao 等[6]报道了通过空穴掺杂得到的 SnSe 晶体材料在温度 300～773 K 下的热电优值分别为 0.7 和 2.0。除此之外，还有大量的致力于设计高性能热电材料的工作，本书将其进行归纳总结。热电材料实验制备方面主要集中于几个体系：其中 Bi_2Te_3 体系和 clathrate（笼形包合物）体系用于低温热电（300～500 K）；PbTe 体系、半赫斯勒合金体系、$CoSb_3$ 方钴矿体系用于中温热电（500～900 K）；Zintl 相、SiGe 体系用于高温热电（900～1200 K）。其中，基于 Bi_2Te_3 体系和 PbTe 体系的研究最受学者关注，将其汇总于表 1-1 和表 1-2 中。

表 1-1 基于 Bi_2Te_3 体系的热电材料（低温热电）

文献	年份	材料	热电优值	温度/K	类型
[16]	1958	P 型 $Bi_xSb_{2-x}Te_3(x≈1)$	0.75	300	实验
[17]	2000	P 型 $CsBi_4Te_6$	0.8	225	实验
[13]	2001	P 型 Bi_2Te_3/Sb_2Te_3 和 N 型 $Bi_2Te_3/Bi_2Te_{2.83}Se_{0.17}$ 超晶格	2.4/1.4	300	实验
[18]	2001	P 型 $Bi_{0.5}Sb_{1.5}Te_3$ 合金（2GPa 静水压下）	>2	300	实验
[19]	2001	Bi-Sb 合金晶体（磁场条件下）	>1	100	实验
[20]	2004	P 型 $CsBi_4Te_6$	0.82	225	实验
[21]	2005	N 型 Bi_2Te_3 纳米复合材料	1.25	420	实验
[22]	2007	层状纳米结构的 Bi_2Te_3 体材料	1.35	300	实验
[23]	2008	Bi_2Te_3/Sb_2Te_3 纳米复合体材料	1.47	440	实验
[24]	2008	P 型 BiSbTe 纳米晶体合金	1.2/1.4/0.8	300/373/523	实验
[14]	2010	N 型 $Bi_2Te_{2.7}Se_{0.3}$	1.04	400	实验
[25]	2012	N 型 Bi_2Te_3 超细纳米线	0.96	380	实验
[15]	2013	Tl_9BiTe_6	1/0.86	450/560	实验
[26]	2014	五倍层 Bi_2Te_3	2	800	理论

表 1-2 基于 PbTe 体系的热电材料（中温热电）

文献	年份	材料	热电优值	温度/K	类型
[27]	2004	N 型 $AgPb_mSbTe_{2m}$ (m=10/18)	2.2	800	实验
[28]	2006	$Ag_{0.8}Pb_{22}SbTe_{20}$	1.37	673	实验
[29]	2011	PbS	0.94	710	实验
[30]	2011	$Pb_{0.98}Na_{0.02}Te_{1-x}Se_x$ 多晶	1.8	800	实验
[31]	2013	$Al_{0.03}PbTe$	1.2	700	实验
[32]	2014	P 型 SnSe 多晶	0.5	823	实验
[33]	2014	SnSe	2.6	923	实验
[34]	2014	N 型 $(PbTe)_{0.75}(PbS)_{0.15}(PbSe)_{0.1}$ 复合材料	1.1	800	实验
[35]	2015	N 型 SnSe	2.7	750	理论
[36]	2015	$(Ge_{0.8}Pb_{0.2})_{0.9}Mn_{0.1}Te$	1.3	720	实验

1.3 低维碳材料

自然界中稳定存在的碳的同素异形体有金刚石和石墨。金刚石是正四面体结构，其中 sp^3 杂化的碳原子位于四面体的顶点与中心。石墨晶体具有层状机构，每一层是由 sp^2 杂化的碳原子按正六边形排列成蜂窝状结构，层与层之间通过范德瓦尔斯力相连。不同的碳原子结构导致了这两种碳的同素异形体具有截然不同的性质。近年来随着纳米技术的发展，人们不断发现和制备出了新型的碳的同素异形体，如富勒烯[37]、碳纳米管（CNT）[38]、石墨烯[39]和石墨炔[40, 41]。这些低维（0D、1D、2D）的碳的同素异形体的出现丰富了整个碳家族，同时推动了纳米技术的发展。多样的碳纳米结构丰富了材料的多样性，尤其是碳纳米管和石墨烯，而不断发展的碳纳米家族和日新月异的碳纳米技术也标志着碳时代的到来[42]。而当今以硅为基础的电子工业将来也有可能会被碳所取代。

1.3.1 碳纳米管

1. 结构与电学性质

自从 1991 年日本的 Iijima[38]发现了碳纳米管，科学界便对这种新奇的碳材料进行了广泛的关注。这种新奇的一维（1D）材料打开了人们探索低维世界的大门。由于其特殊的一维结构，碳纳米管展现了优异的电学、热学和机械性能[43]。碳纳米管分为单壁碳纳米管（SWCNT）和多壁碳纳米管（MWCNT）[图 1-6（a），(b)]。单壁碳纳米管可以看成是由单层的石墨（石墨烯）沿着某个方向卷曲而成。卷曲过程可用一个矢量表示，即 $C_h = n\boldsymbol{a}_1 + m\boldsymbol{a}_2$，而旋转轴 $\boldsymbol{T}$ 即为纳米管的管轴方向，如图 1-6（c）所示。其中 $\boldsymbol{a}_1$ 和 $\boldsymbol{a}_2$ 为石墨烯六方晶格单胞的晶格矢量，$a = |\boldsymbol{a}_1| = |\boldsymbol{a}_2| = 2.46\text{Å}$。因此，单壁碳纳米管可以用一对整数（$n, m$）唯一地进行表示。当 $m = 0$ 时，即（$n, 0$）称为锯齿型管（zigzag）；当 $m = n$ 时，即（n, n）称为扶手椅型管（armchair）；当 $m \neq n$ 时，即（n, m）称为手性管（chiral）。单壁碳纳米管的直径 D 可以根据 n、m 的值得到，即 $D = a\sqrt{n^2 + m^2 + mn}/\pi$。$n$、$m$ 的值直接与碳纳米管的导电性有关，一般来说，（n, n）管全部为金属；对于（n, m）管，当 $n - m = 3j$，其中 j 为非零整数时，是具有很小带隙的半导体；其他管

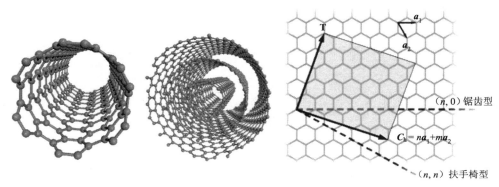

（a）单壁碳纳米管结构图　　（b）多壁碳纳米管结构图　　（c）单壁碳纳米管的旋转矢量

图 1-6　碳纳米管结构图及单壁碳纳米管的旋转矢量

为半导体[41]。当然也有例外，第一性原理计算显示[44-46]，对于 $(n,0)$ 管，当 $n\leqslant 6$ 及 $n\geqslant 24$（$n=3j$，其中 j 为非零整数）时，均为金属。多壁碳纳米管可以看成是由多层石墨烯卷曲而成，或者将不同管径的单壁碳纳米管套在一起形成，管间距 δ 约为 0.335 nm，等于石墨的层间距。

2. 热学性质

碳纳米管具有优异的热学性质[47]，但是由于其管径在纳米尺度，这给碳纳米管热导率的测量带来了很大的挑战。实验上，测量单根碳纳米管热导率的方法可以分为外热源法和内热源法。外热源法是在碳纳米管外部提供一个热源，热流从碳纳米管的一端流向另一端，然后测量碳纳米管两端的温差。这种方法首先要微纳加工一个热探测器，如图 1-7（a）所示，探测器两端是各自独立的电路，中间放碳纳米管，根据电路电阻随温度的变化来确定两端的温差。Kim 等[48]首先用这种方法测量了单根多壁碳纳米管（管径 $D=14$ nm，管长 $L=2.5\ \mu m$）的热导率 k（$k=\kappa L/A$，$A=\pi D\delta$ 为截面积），发现室温下其值高达 3000 $W\cdot m^{-1}\cdot K^{-1}$。Yu 等[49]用同样的方法研究了单壁碳纳米管（$D=1\sim 3$ nm，$L=2.76\ \mu m$）的热导，由于管径没有明确得到，推算的室温下的热导率为 3000～10000 $W\cdot m^{-1}\cdot K^{-1}$。Pettes 和 Shi[50]测量了不同管径、不同长度的多个碳纳米管样品，包括单壁、双壁和多壁碳纳米管，与其他研究不同的是，该实验中明确测量了碳纳米管的管径，而且对于单壁碳纳米管还给出了管的构型，得到的室温下的热导率小于 1000 $W\cdot m^{-1}\cdot K^{-1}$。与这种热探测器不同，Fujii 等[51]采用了一种 T 型纳米探测器，测量时碳纳米管的一端搭在探测器热桥的中间，热桥中通以电流，产生的热量流经碳纳米管，碳纳米管的另一端连接热沉，测量了 3 种不同的多壁碳纳米管，给出了热导率的最低值：$D=9.8$ nm，$L=3.7\ \mu m$，$k=2950\ W\cdot m^{-1}\cdot K^{-1}$；$D=16.1$ nm，$L=1.89\ \mu m$，$k=1650\ W\cdot m^{-1}\cdot K^{-1}$；$D=28.2$ nm，$L=3.6\ \mu m$，$k=500\ W\cdot m^{-1}\cdot K^{-1}$。

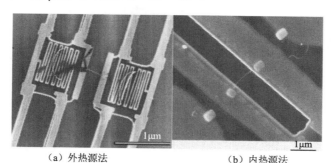

（a）外热源法　　　　　（b）内热源法

图 1-7　碳纳米管热导率的测量

内热源法是给单根碳纳米管通一电流，电流流经碳纳米管时，由于焦耳热作用产生温升，测得碳纳米管中的温度，然后根据一维导热方程，求得碳纳米管的热导率。根据测量通电碳纳米管中温度的方法不同,又可分为 3ω 法和拉曼位移(Raman shift)法。Choi 等[52]首先采用 2 节点 3ω 法,测量了单根多壁碳纳米管的热导率:$D = 46$ nm,$L = 1$ μm,$k = 650$ W·m^{-1}·K^{-1};$D = 42$ nm,$L = 1$ μm,$k = 830$ W·m^{-1}·K^{-1}。由于 2 节点 3ω 法忽略了碳纳米管与电极之间的接触热阻,因此,Choi 等[53]又发展了 4 节点 3ω 法,测量时碳纳米管水平放在 4 个电极之上,如图 1-7(b)所示,改进后的装置测得多壁碳纳米管($D = 20$ nm,$L = 1.4$ μm)在室温下的热导率为 300 W·m^{-1}·K^{-1}。Wang 等[54, 55]同样采用 4 节点 3ω 法测量了单壁碳纳米管的热导率随管长的变化规律,发现其热导率随着管长的增加而变大,如图 1-8(a)所示。Li 等[56]用拉曼位移法测量了单壁碳纳米管($D = 1.8$ nm,$L = 42$ μm)和多壁碳纳米管($D = 8.2$ nm,$L = 32$ μm)的热导率分别为 2 400 W·m^{-1}·K^{-1} 和 1 400 W·m^{-1}·K^{-1}。同样是内热源法,Pop 等[57]测量了不同温度下施加在碳纳米管两端的 I-V 曲线,通过建立模型从曲线中提取出了单壁碳纳米管($D = 1.7$ nm,$L = 2.6$ μm)的热导率为 3 500 W·m^{-1}·K^{-1},另外,Pop 等的结果结合前面 Yu 等的结果勾勒出了单壁碳纳米管的热导率在整个温度区间的变化,如图 1-8(b)所示。

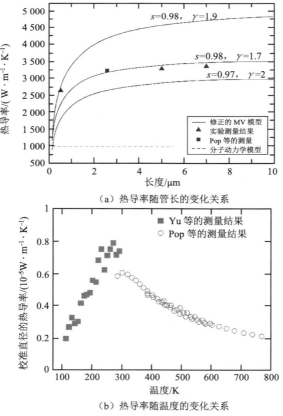

(a)热导率随管长的变化关系

(b)热导率随温度的变化关系

图 1-8 实验测量的单壁碳纳米管热导率

表 1-3 总结了上述的测量结果。由于碳纳米管的管径、管长很难控制,而且管的构型在实验上更是难以确定,所以可以看出不同实验测量的热导率数值差别很大。除此之外,测量方法本身也有可能存在一些问题。这其中最重要的是碳纳米管与电极之间的接触热阻的评价。Kim 等[48]、Yu 等[49]和 Fujii 等[51]直接忽略了接触热阻的影响,Pop 等[57]、Pettes 和 Shi[50]估计了接触热阻的影响,但是准确的接触热阻值很难得到。4 节点 3ω 法和拉曼位移法虽然可以排除接触热阻的影响,但是这种内热源的方法忽略了碳纳米管两端加电压时电声耦合[58]的影响,因此得到结果并不是碳纳米管的本征热导率。另外,从测量值看,多壁碳纳米管的热导率要明显低于单壁碳纳米管的热导率。

表 1-3 单根碳纳米管的热导率(实验值)

文献	热导率 k/($W\cdot m^{-1}\cdot K^{-1}$)	方法	长度/μm	直径/nm	壁数	备注
[48]	3000	传感测量法	2.5	14	多壁	外热源;热桥
[49]	3 300~9 970	传感测量法	2.76	1~3	单壁	外热源;热桥
[50]	530	传感测量法	4.31	2.34	单壁	外热源;热桥
	640		2.03	1.5		
	600		4.02	2.7	双壁	
	42~343		1.95~3.06	10~14	多壁	
	2 950		3.7	9.8		
[51]	1 650	传感测量法	1.89	16.1	多壁	外热源;T 型探测器
	500		3.6	28.2		
	650		1	46		
[52, 53]	830	3ω 法	1	42	多壁	内热源;2 节点
	300		1.4	20		内热源;4 节点
	3 790		0.509			
[54, 55]	4 710	3ω 法	4.919	1.9	单壁	内热源;4 节点
	4 820		6.941			
[56]	2 400	拉曼位移法	42	1.8	单壁	内热源
	1 400		32	8.2	多壁	
[57]	3 500	内热源法	2.6	1.7	单壁	提取 I-V 曲线特性

声子的平均自由程 l 即声子在传输过程中发生碰撞之前所经过的路程。碳纳米管的声子平均自由程很长,在微米数量级[49, 59-61]。当碳纳米管的长度小于其声子的平均自由程,即 $L<l$ 时,声子的输运以弹道为主;当 $L>l$ 时,声子的输运以扩散为主;当 $L\approx l$ 时,则弹道输运和扩散输运并存。因此,研究碳纳米管的热输运也需要从弹道输运和扩散输运这两方面着手。理论上研究碳纳米管热输运的方法大致分为三类:分子动力学方法(MD)、玻尔兹曼输运方程法(BTE)及朗道公式法(LF)。朗道公式中的透射系数 T 可以很方便由非平衡格林函数方法得

到，将得到的透射系数代入朗道公式再计算热流，因此这种方法又称非平衡格林函数法（NEGF）。当然，透射系数也可以由其他的方法得到，但都属于朗道公式法。分子动力学方法假定分子的运动遵循牛顿运动定律，其关键是找到一个经验的分子相互作用势能函数。Berber 等[62]采用平衡态（EMD）和非平衡态（NEMD）分子动力学法选用 Tersoff 势[63]研究了（10, 10）碳纳米管的热导率随温度的变化关系，由于采用周期性边界，所以得到的是管长无限大的情况下的热导率，研究发现碳纳米管的热导率在 100 K 附近出现峰值 37 000 W·m^{-1}·K^{-1}，而室温下也高达 6 600 W·m^{-1}·K^{-1}。Che 等[64]用 EMD 的方法选用 Brenner 势[65]同样研究了（10, 10）碳纳米管的热导率，发现其随着管长的增加而变大，在 L 为 0~20 nm 时趋于不变，得到的热导率为 2 980 W·m^{-1}·K^{-1}，并且随着碳纳米管中缺陷浓度的增加，热导率显著下降。Osman 和 Srivastave[66]用 NEMD 方法选用 Tersoff-Brenner 势研究了不同管径的碳纳米管的热导率随温度的变化，发现所有的碳纳米管的热导率在研究的温度范围内出现一个峰值，而且峰值的位置随着管径的增大向高温处移动，室温下热导率为 1700~2300 W·m^{-1}·K^{-1}。Maruyama[67]研究了管长对碳纳米管热导率的影响，发现 $k \propto L^\beta$，其中 $\beta = 0.32$。Zhang 等[68]研究了碳纳米管的构型对其热导率的影响，发现在其他条件相同时锯齿型管的热导率最高，而手性管的热导率最低。分子动力学方法吸引了众多的科学家以此来研究碳纳米管的热输运性质[69-74]，因此也出现了非常丰富和宝贵的模拟数据，这些研究概括起来都着眼于温度、管径、管长、构型及缺陷等几个方面对碳纳米管热导率的影响。

玻尔兹曼输运方程法将声子看作实物粒子，考虑声子在传输的过程中遇到的各种散射，最后求解玻尔兹曼方程得到材料的热导率。弛豫时间近似（RTA）是 BTE 最常用的一种近似方法。Cao 等[75]采用了单模弛豫时间近似（SMRTA），即不同频率的声子的弛豫时间 τ 互不影响，考虑了三声子 Umklapp 散射（一阶微扰）和界面散射，研究了锯齿型碳纳米管的热导率随温度和管径的变化，发现其热导率在 85 K 左右时出现峰值，而且室温下热导率与管径近似成反比。采用同样的近似，Gu 和 Chen[76]考虑了碳纳米管中三声子过程的选择规则，研究了碳纳米管热导率随温度的变化，发现低温时热导率随着温度线性增加，得到（10, 10）管的室温热导率为 474 W·m^{-1}·K^{-1}。Mingo 和 Broido[77]通过迭代法完全求解玻尔兹曼方程并考虑声子的 Umklapp 散射，指出如果只考虑一阶 Umklapp 散射，热导率会随着管长的增加而发散，只有考虑二阶或更高阶的 Umklapp 散射，热导率才会趋于某一收敛值，如图 1-9（a）所示。Lindsay 等[78, 79]提出了一种有效地准确求解声子玻尔兹曼方程的方法，指出传统的弛豫时间近似和长波近似不能有效地描述三声子过程，发现 N 过程对声子的热导也有影响，并且研究发现，碳纳米管的热导率主要来自于 ZA 声子模的贡献，而且热导率随着管径的变化并不是单调的，而是在较小的管径处出现一个最低值，如图 1-9（b）所示。分子动力学法和玻尔兹曼方程法主要研究碳纳米管中声子的扩散输运，而对于管长较小或温度较低的情况，声子的输运是弹道的，而朗道公式法常被用来研究声子的弹道输运。Yamamoto 等[80,81]基于朗道公式研究了不同构型的碳纳米管在低温下的热导，发现所有的纳米管在低温下都呈现出量子化热导 $4\kappa_0$（$\kappa_0 = \pi^2 k_B^2 T / 3\hbar$，$k_B$ 为玻尔兹曼常量，$\hbar$ 为普朗克常量），如图 1-10（a）所示，其中 4 表示低频下有 4 个声子模式，并且量子化热导的温度范围与纳米管的直径有关与 $1/D^2$ 成比例，同时还研究了（10,10）碳纳米管的电子热导，发现室温下电子对热导的贡献为声子的 15%左右。Mingo 和 Broido[82]研究了不同管径的碳纳米管的热导并与石墨烯和石墨的热导作了对比，发现低温下碳纳米管的热导随着管径的增加而减小，并趋于石墨烯的热导曲线，而石墨烯的热导明显高于石墨的热导，高温时碳纳米管与石墨烯的热导曲线重合，但是低于石墨的热导，如图 1-10（b）所示，此外还分析了不同材料的热导在低温下随温度的变化。Yamamoto 和 Watanabe[83]将非平衡格林函数方法应用到朗道公式法中计算碳纳米管的声子透射系数，研究了缺陷造成热导降低的原因是其将降低了相应频率的声子透射系数。Wang 和 Wang[84]与 Yamamoto 等[85]将碳纳米管声子的平均自由程 ℓ 引入朗道公式，研究了碳纳米管热导随管长的变化关系。朗道公式法一般基于碳纳米管的声子谱，而一般的声子谱是由经验的力常数模型计算得到的。Mingo 等[86]采用第一性原理的方法计算得到碳纳米管的力常数矩阵，然后利用非平衡格林函数法计算声子的透射系数，研究了掺杂和缺陷对碳纳米管热导的影响。

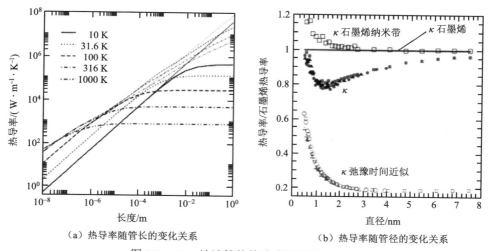

（a）热导率随管长的变化关系　　（b）热导率随管径的变化关系

图 1-9　BTE 法计算的单壁碳纳米管热导率

综上所述，CNT 的热导率（对于弹道输运，可以用热导除以截面积描述）随着温度的增加先升高，在室温附近出现极大值，然后随着温度的增加而下降。低温下声子的输运以弹道为主，$k \propto T$，呈现量子化热导，随着温度的升高逐渐变为 $k \propto T^2$，高温下以扩散为主，一阶 Umklapp 散射使得 $k \propto T^{-1}$，而考虑二阶则 $k \propto T^{-2}$。当管长小于声子的平均自由程时，CNT 的热导率随着管长的增加而线性增大，随着管长的继续增加到大于声子的平均自由程时，k 趋于恒定。在弹道输运情况下，低温时 k 随着 CNT 管径的增加而降低，而高温时则变化不大。对于扩散输运，RTA 的结果同样有 k 随着管径增加而降低的趋势，但是 full-BTE 的结果则发现 k 随着管径的增加会出现一个最小值。另外，手性对 CNT 的热导率基本没有什么影响，而不同手性 CNT 的热导率不同主要是因为相应的管径不同。

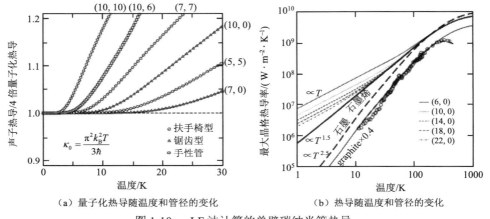

（a）量子化热导随温度和管径的变化　　（b）热导随温度和管径的变化

图 1-10　LF 法计算的单壁碳纳米管热导

3. 热电性质

热电功率（TEP）或泽贝克系数（S）是热电材料的一个关键物理性质。Kim 等[48]首先测量了单根多壁碳纳米管的 TEP，发现其随着温度的增加呈线性增加，室温下为 80 μV·K^{-1}。Small 等[87, 88]研究了单根单壁碳纳米管的 TEP 随着门电压的变化关系，发现实验结果与 Mott 公式[89]的计算结果符合较好，并且室温下半导体碳纳米管的 TEP = 260 μV·K^{-1} 要比金属管 40 μV·K^{-1} 大得多。Yu 等[49]测量了单根单壁碳纳米管的 TEP，同样发现了与温度的线性关系并拟合数据得到 TEP = (6.373+0.1206 T) μV·K^{-1}，并得到室温下 TEP 为 42 μV·K^{-1}。理论上，研究碳纳米管的热电性质需要同时考虑电子和声子的输运问题。Jiang 等[90]采用非平衡格林函数方法研究了锯齿型和扶手椅型 CNT 的热电输运特性，发现锯齿型 CNT 由于能带中存在带隙，其 TEP 在 mV·K^{-1} 数量级，因此其 ZT 值比扶手椅型 CNT 要大得多，室温下最大值为 0.2。Tan 等[91, 92]采用非平衡格林函数的方法研究电子的输运而用分子动力学的方法研究声子的输运，分析了不同管径 CNT 的热电性质，发现管径在 0.7～0.8 nm 时，相应的 CNT 有较好的热电特性，并发现 P 型和 N 型掺杂能显著地提高 CNT 的 ZT，通过适当地掺杂，室温下 CNT 的 ZT 达到 1

左右。一般的理论研究并没有考虑热电输运过程中电子和声子的相互作用，Jiang 和 Wang[93]采用非平衡格林函数方法引入了电声耦合（EPI）作用，发现电声耦合对电子的输运在高温及高化学势情况下有显著的影响，其结果降低了 CNT 的 ZT。

1.3.2 石墨烯

1. 结构与电学性质

石墨烯是由 sp^2 碳原子组成六角形呈蜂窝状的二维碳材料，厚度只有一个碳原子，如图 1-11（a）和图 1-11（b）所示。严格来说只有单层的石墨片层才称为石墨烯，但是实际应用中常常把石墨烯分成单层（SLG）、双层（BLG）和多层（MLG）。石墨烯一直被认为是假设性的结构，无法单独稳定存在，直至 2004 年，英国曼彻斯特大学物理学家 Novoselov 等[39]成功地在实验室从石墨中机械剥离出石墨烯，从而证实它可以单独存在。经过十余年的发展，科学家们对石墨烯进行了大量的研究。这种特殊的二维结构展示出了许多新的物理现象，如狄拉克（Dirac）费米子[94-99]、量子霍尔效应[100]、分数量子霍尔效应[101]、最小电导率现象[102-105]。石墨烯虽然具有很多优异的电学性质[106, 107]，但是人们无法直接将其应用到电子器件上。石墨烯是一种半金属，其价带和导带在费米能级处相交于一点，即狄拉克（Dirac）点，在该点石墨烯的电子态密度（DOS）为零，见图 1-11（c）。由于没有带隙 E_g，石墨烯晶体管[108]只能处于常开的状态，而电路无法关闭。因此，如何让石墨烯能带的带隙打开成为石墨烯电子学应用的重要课题。

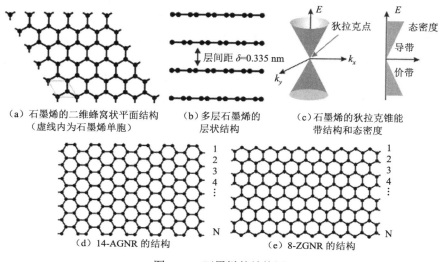

(a) 石墨烯的二维蜂窝状平面结构（虚线内为石墨烯单胞）　　(b) 多层石墨烯的层状结构　　(c) 石墨烯的狄拉克锥能带结构和态密度

(d) 14-AGNR 的结构　　(e) 8-ZGNR 的结构

图 1-11　石墨烯的结构图

将石墨烯能带带隙打开的方法或结构主要有纳米带（GNR）、基底耦合、双层石墨烯（BLG）、化学吸附和异质结构等。石墨烯纳米带是从二维石墨烯中截取的带型一维纳米材料，可由单壁碳纳米管打开得到[109, 110]。石墨烯纳米带也分扶手椅型和锯齿型，分别用 N-AGNR 和 N-ZGNR 表示，其中 N 是表示石墨烯纳米带宽度的正整数，如图 1-11（d）和图 1-11（e）所示。Son 等[111]、Yang 等[112]和 Han 等[113]分别通过第一性原理计算、第一性原理（GW 近似）和实验测量研究了 GNR 的电子结构，发现所有的 GNR 都存在带隙，并且带隙的大小随着 GNR 宽度的增加而减小。因此，在纳米电子器件的应用中，人们更倾向于使用 GNR，而不是零带隙的石墨烯。基底和石墨烯的相互作用往往能够破坏石墨烯亚晶格的对称性，从而使其产生带隙。Zhou 等[114]实验发现在 SiC 基底上外延生长的石墨烯会产生 0.26 eV 的带隙，并随着石墨烯层数的增加而减小，大于 4 层时带隙消失。六方氮化硼（hBN）基底能够保持石墨烯优异的电学性质[115]，通过调节石墨烯和六方氮化硼的堆叠方式，能够打开石墨烯的带隙[116-118]。双层石墨烯具有金属性质，Ohta 等[119]通过掺杂调节每一层的载流子浓度，进而改变了其库仑势，使石墨烯产生了带隙。由于对石墨烯的掺杂不容易控制，Wang 等[120]在双层石墨烯两层之间直接加一电压，通过调节电压的大小，方便地实现了石墨烯带隙的可控调节。石墨烯通过化学吸附 H 原子或 F 原子，sp^2 碳原子变成 sp^3 杂化，相应碳原子的 π 键变成 σ 键，失去了自由移动的电子，因此可以使石墨烯产生带隙。Gao 等[121]通过密度泛函理论的计算研究了 H 原子在石墨烯表面不同覆盖率时的电子结构，发现吸附 H 原子的石墨烯的带隙可以实现 0~4.66 eV 的连续调节。Jeon 等[122]研究了完全氟化的石墨烯（fluorograhene），发现其为宽带隙半导体，E_g = 3.8 eV。石墨烯异质结构往往由于宽带隙非石墨烯结构的存在，而整体表现出半导体的性质。六方氮化硼常常和石墨烯构成垂直于石墨烯平面方向的异质结构，通过堆叠方式[123, 124]、电压[125]调节来实现石墨烯带隙的变化。另外同一平面上的异质结构也能呈现半导体性质。Fiori 等[126]研究了石墨烯 h-BCN 异质结构，使其带隙实现了 1~5 eV 的可控调节。虽然这么多方法可以使石墨烯的带隙打开，但这些方法大都显著改变了石墨烯本身的电学性质，如高的电子迁移率，因此，寻找一个能打开石墨烯带隙而又不影响石墨烯的 Dirac 费米子性质的方法，将对石墨烯在电子器件上的应用带来巨大的改变。

2. 热学性质

石墨烯的单原子层厚度给其热导率的实验测量带来了严峻的挑战。而纳米尺度测量技术的进步揭开了低维石墨烯神秘的面纱。实验上测量石墨烯热导率的方法主要分为两大类：Raman 法和 Sensor 法。Raman 法的原理依据是石墨烯拉曼光谱的 G 峰位置对温度有很强的依赖性。实验装置如图 1-12（a）所示，在石墨烯样品中央给一束激光加热，石墨烯吸收热量后温度升高，通过测量加热前后石墨烯的拉曼光谱，确定 G 峰的偏移，就可以得到石墨烯的温度变化 ΔT，然后将石墨烯吸收的热量 Q、热导率 k 和温度变化 ΔT 代入导热微分方程即可求得石墨烯的热导率。为了测得石墨烯的本征热导率，实验中往往将石墨烯悬置在沟槽上［图 1-12（a）］或孔洞上［图 1-12（b）］。Sensor 法与测量 CNT 热导率的外热源法相同，石墨烯放置在一对加热器和感应器之间，见图 1-12（c）和（d），热流由加热器流经石墨烯，到达感应器，感应器通过电阻变化得到温度的变化，然后直接求得石墨烯的热导率。除了这两种方法，还有一种内热源（self-heating，SH）法，与测量碳纳米管热导率的内热源法相同，这种方法主要用来测量石墨烯纳米带的热导率。

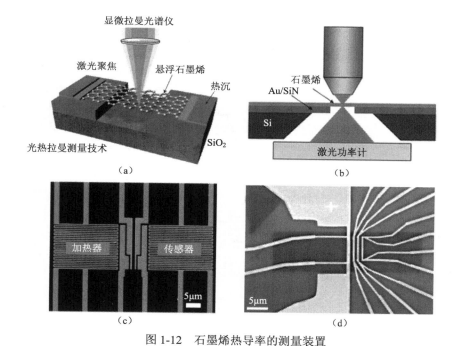

图 1-12　石墨烯热导率的测量装置

拉曼方法测量石墨烯热导率时将石墨烯悬置在（a）沟槽[127]和（b）孔洞[128]上；
（c）、（d）为 sensor 法测量石墨烯的 heater[129]和 sensor[130]的 SEM 图，
测量时石墨烯放置于加热器和感应器中间

表 1-4 列出了这 3 种方法测得的石墨烯热导率。从表 1-4 中可以看出，不同的方法、不同的样品测得的热导率变化很大。首先，悬置的（suspended）单层石墨烯（SLG）的热导率即石墨烯的本征热导率在室温下为 2000～5000 W·m^{-1}·K^{-1}。该值甚至超过了高定向热解石墨（HOPG）的层内热导率的上限值[127]2 000 W·m^{-1}·K^{-1} 及单根碳纳米管的热导率[48, 57]3000～3500 W·m^{-1}·K^{-1}。其次，多种因素可以显著降低石墨烯的热导率。Seol 等[131]测量了放置在 SiO$_2$ 基底上的石墨烯的热导率，发现由

于基底和石墨烯的相互作用，石墨烯的热导率在室温下降至 600 W·m^{-1}·K^{-1}。Ghosh 等[132]研究了不同层数的石墨烯的热导率，发现石墨烯由单层到双层，其热导率下降了 30%，随着层数增加其值趋近于块体石墨的热导率。与此相反，Jang 等[130]测量了封装（encased）在介电层内的石墨烯的热导率，发现热导率随着石墨烯层数的增加反而呈现增大的趋势。Raman 法测量的石墨烯的热导率较高，相应的样品尺寸在微米量级，Bae 等[133]采用 Sensor 法测量了纳米量级的石墨烯的热导率，发现随着石墨烯尺寸的减小，其热导率显著降低。Chen 等[134]采用 CVD 方法结合同位素标记技术制备了不同同位素浓度的石墨烯样品，用 Raman 法测量其热导率，发现石墨烯的热导率随着同位素浓度的增加先减小后增大，当 ^{12}C：^{13}C = 50：50 时，热导率达到最小值，该值仅为纯净石墨烯热导率的一半。另外，用机械剥离石墨方法制备的石墨烯（XG）比 CVD 方法制备的样品纯净度要高，而 CVD 方法制备的石墨烯往往存在杂质和缺陷，导致其热导率相对偏低。因此，从实验结果来看，石墨烯的制备方法、石墨烯与基底的作用、石墨烯的层数和尺寸，以及石墨烯的同位素含量都会影响石墨烯的导热性质。单就测量方法而言，Raman 法的优势在于样品容易制备且质量较高，但是其温度精度较低，并且在测量的过程中石墨烯吸收激光的热量很难确定，而且石墨烯与两端基底的接触热阻很难准确表征，因此由 Raman 法得到的热导率值往往存在高达 40%的不确定度[127]。Sensor 法精度相对较高，但是样品在制备转移的过程中难免引入一些杂质附着物或产生缺陷，从而得不到石墨烯的本征热导率。因此，无论是石墨烯样品的制备还是热导率测量技术都还有很大的改进空间。

表 1-4　石墨烯的热导率（实验值）

文献	热导率 k/(W·m^{-1}·K^{-1})	方法	长度/μm	宽度/μm	n（层数）	备注
[135]	3000～5000	Raman 法	1～5	5	1	悬浮，剥离制备，室温
[136, 137]	370		大面积			负载，化学气相沉积制备，室温
[128]	2500	Raman 法	D = 3.8 μm		1	悬浮，化学气相沉积制备，350 K
	1400					悬浮，化学气相沉积制备，500 K
[138]	630	Raman 法	D = 44 μm		1	悬浮，剥离制备，660 K
[132]	2800～1300	Raman 法	1～5	5	2～4	悬浮，剥离制备，室温
[134, 139]	2600～3100	Raman 法	D = 2.9～9.7 μm		1	悬浮，化学气相沉积制备，350 K
	4120		D = 2.8 μm			悬浮，化学气相沉积制备，320 K
[140]	1800	Raman 法	D = 2.6～6.6 μm		1	悬浮，剥离制备，325 K
[130]	710					悬浮，剥离制备，500 K
[131]	160～1000	Sensor 法	0.9～1.6	10	1～20	Encased；XG：室温
[135]	600	Sensor 法	9.5～12.5	1.5～3.2	1	负载，剥离制备，室温
[141]	560～620	Sensor 法	5	1.8-6.5	2	悬浮，剥离制备，室温

续表

文献	热导率 k/(W·m^{-1}·K^{-1})	方法	长度/μm	宽度/μm	n（层数）	备注
[129]	1 250	Sensor 法	5	5	3	负载，剥离制备，室温
	327		2			
	150		1			
	170		1		5	悬浮，剥离制备，室温
	230			0.13		
	170			0.085		
[133]	100	Sensor 法	0.26	0.065	1	负载，剥离制备，室温
	80			0.045		
	320			12		
[142]	1000～1400	内热源法	0.2～1	0.016～0.052	1～5	负载，剥离制备，室温
[143]	80	内热源法	0.2～0.7	0.015～0.06	1	负载，室温
[144]	310	内热源法	1.5	0.85	1	悬浮，剥离/化学气相沉积制备，1 000 K

注：D 为孔洞直径。

石墨烯晶体属于六方晶格，其单胞只有两个碳原子，见图 1-13（a），由于结构模型简单，理论上对石墨烯的研究非常丰富。近十年来，科学家们对石墨烯的热学性质进行了广泛的理论研究，这些研究与实验测量一起推动了石墨烯科学的发展与应用。石墨烯在室温下声子的平均自由程[136] ℓ 为 775 nm，而置于基底上时该值降为[133,145] 100 nm 左右。Raman 法测量的石墨烯的尺寸 L 通常远大于石墨烯的平均自由程 ℓ，因此数据处理时采用求解基于扩散输运的导热微分方程的方法是合理的。Sensor 法测量 GNR 的热导率时，由于 GNR 的尺寸往往与石墨烯的平均自由程相当甚至更小，所以测量的过程中通常直接测得石墨烯的热导，然后根

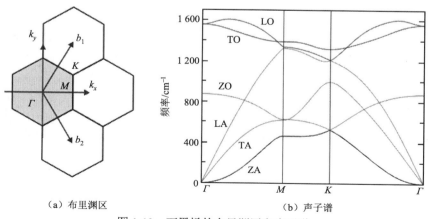

（a）布里渊区　　　　　　　　　（b）声子谱

图 1-13　石墨烯的布里渊区和声子谱

（a）中灰色部分为石墨烯的布里渊区，其中 Γ、M、K 为石墨烯布里渊区的高对称点；
b_1、b_2 为石墨烯倒格子基矢；k_x、k_y 为倒空间直角坐标

据 GNR 的尺寸换算成其热导率。理论研究同样需要考虑石墨烯的弹道输运和扩散输运。与研究碳纳米管热输运的方法一样，研究石墨烯的热输运同样分为朗道公式法（LF）、声子波尔兹曼方程法（BTE）和分子动力学法（MD）。这其中 LF 和 BTE 为理论方法，MD 为数值方法。BTE 和 MD 通常不考虑电子对石墨烯热导率的贡献，因为通常认为电子对石墨烯热导率的贡献很小[146]。LF 能够准确的给出石墨烯的热导在低温下随温度的变化关系$\propto T^{1.5}$，BTE 的优势在于处理各种散射过程对声子输运的影响及可以分开考虑各个声子支对热导率的贡献，MD 能够很好地处理高温时非简谐效应对石墨烯热输运的影响。结合实验，对石墨烯热输运的研究主要包括以下几个方面：温度、尺寸、层数、基底、各声子支贡献及缺陷（包括杂质、空位、粗糙度等）。

（1）石墨烯热导率与温度的关系

低温下，对于无限大的二维石墨烯，其热导率与温度存在关系$\propto T^{1.5}$。LF 法能够准确处理低温量子效应显著时石墨烯的弹道热输运。Mingo 和 Broido[82]、Saito 等[146]、Munoz 等[147]和 Jiang 等[148]通过 LF 法研究了石墨烯的弹道热输运，发现 $T<20$ K 时，$\kappa \propto T^{1.5}$。如图 1-13 所示，石墨烯声子谱有 3 个声学支。声子支的 A 代表声学支（acoustic），O 代表光学支（optic），L 代表纵波（longitudinal），T 代表横波（transverse），Z 代表石墨烯的弯曲震动模式（flexual）。石墨烯的 TA 和 LA 在 Γ 点附近随着波矢呈线性变化，而 ZA 声子支呈抛物线形变化。ZA 声子支的声子能量较低容易激发，因此在低温时 ZA 支声子占绝大部分。由 LF 可以知道，κ 主要取决于 $\omega T(\omega)$，ZA 声子支的抛物线形色散使得其 $T(\omega) \propto \sqrt{\omega}$ [82]，因此 $\kappa \propto T^{1.5}$ ($\omega \propto T$)。但是，随着温度的升高，TA 和 LA 模式的声子不断被激发，线性色散的透射系数 $T(\omega) \propto \omega$，因此在 20 K 以上时，石墨烯的热导逐渐趋于 $\kappa \propto T^2$。Nika 等[149]采用 BTE 方法，由于没考虑 ZA 模式的贡献，因此其得到的石墨烯的热导率在低温下表现出 $k \propto T^2$ 的趋势。GNR 与石墨烯不同，随着宽度 W 的减小，渐渐呈现一维的特性。Yamamoto 等[150]研究了不同 W 的 AGNR 和 ZGNR 的弹道热导，发现所有的样品在很低的温度范围内 T_m 都表现出量子化热导 $3\kappa_0$，即 $\kappa \propto T$，并且发现 $T_m \propto 1/W$，这与 CNT 的情况非常类似。Munoz 等[147]和 Wang 等[151]的研究发现，随着 W 的增加，GNR 的热导由 $\propto T$ 逐渐变为 $\propto T^{1.5}$。Bae 等[133]用 Sensor 法测量了不同宽度 W 的 GNR 在 70～300 K 的热导率，发现所有样品的热导率随温度呈现近似 $k \propto T^{1.5}$ 的变化，室温下其热导可达到同温度下弹道热导的 35%左右，实验中的 GNR 是放置在基底上的，而悬置的 GNR 在低温下的热导率尚未有实验报道。有趣的是，Zhong 等[152]采用分子动力学方法研究的结果显示 AGNR 的热导率在 50～150 K 呈现 $\propto T$ 的关系，而 ZGNR 的热导率在 50～300 K 呈现 $\propto T^2$ 的关系。温度高于室温时，声子的 Umklapp 散射作用越来越明显，因此高温时石墨烯热导率主要取决于声子的 Umklapp 散射。一阶 Umklapp 散射使热

导率按 $k \propto T^{-1}$ 随着温度的升高而减小,二阶 Umklapp 散射(两个声子产生一个中间态,然后又分裂为两个声子)[144]使热导率减小得更快[75, 153]($k \propto T^{-2}$)。Kong 等[154]和 Nika 等[149]用 BTE 的方法研究了石墨烯热导率随温度的变化,由于只考虑了一阶 Umklapp 散射,因此得到了 $k \propto T^{-1}$ 的变化关系。Pereira 和 Donadio[155]采用 EMD 方法发现,在 300~1000 K 时石墨烯的热导率 $k \propto T^{-0.98}$,Cao[156]则采用 NEMD 的方法发现,在 600~1000 K 时,石墨烯的热导率 $k \propto T^{-1}$,而 300~600 K 时,热导率下降得更快,说明存在二阶 Umklapp 散射。两种不同的 MD 结果,可能是因为二者采用的方法不同,另外前者在石墨烯宽度方向采用了周期性边界条件,而后者选用了有限宽度($W=5$ nm)。Cai 等[128]、Chen 等[134, 139]和 Lee 等[140]用 Raman 法测量了高温下石墨烯的热导率。图 1-14 总结了这些测量结果,通过分析发现,在较高温度时(>450 K),石墨烯的热导率 $k \propto T^{-1}$,而在 300~450 K 时,石墨烯的热导率随温度下降得更快,趋近于 $\propto T^{-2}$。这说明 $T>450$ K 时,石墨烯的热导率主要由一阶 Umklapp 散射决定,而 T 为 300~450 K 时,二阶 Umklapp 散射作用比较明显,实验结果与 MD 的计算结果[156]一致。另外,Dorgan 等[144]用 Sensor 法测量了高达 2 000 K 石墨烯的热导率,并对不同样品的热导率随温度的变化关系进行了平均,得到 $k \propto T^{-1.7}$,但是将不同样品的热导率与石墨的热导率对比,不难发现当 $T>1000$ K 时,石墨烯的热导率随温度的变化关系与石墨的非常接近 $\propto T^{-1.1}$,而当 $T<1000$ K 时,石墨烯的热导率明显下降更快,因此其结果与其他实验结果基本一致。此外,同位素对声子的散射可以明显改变热导率的温度依赖性[134, 155],见图 1-14(d)。综上所述,随着温度的增加,石墨烯的热导率在不同的温度区间呈现 $\propto T^{1.5}$、$\propto T^2$、$\propto T^{-2}$ 和 $\propto T^{-1}$ 的变化规律。然而对于石墨烯的热导率从 $\propto T^2$ 到 $\propto T^{-2}$ 的过渡区域,即声子的弹道输运到扩散输运的过渡区间,则需要更多的实验及理论的研究。

(2)尺寸对石墨烯热导率的影响

实验中测量的石墨烯的尺寸都是有限的,因此需要考虑尺寸大小对石墨烯热导率的影响。对于二维(2D)晶体,其热导率随着尺寸的增加呈对数式发散[157-159]$k \propto \ln(N)$,其中 N 为原子的个数。实验中,由于不同的实验,石墨烯样品不同,温度不同,具体操作的条件也不同,所以很难直接比较其热导率随尺寸的变化关系。Chen 等[139]和 Lee 等[140]分别测量了悬置石墨烯样品的孔洞尺寸(可以看作石墨烯的尺寸)对石墨烯热导率的影响,但是由于实验误差太大,并没有发现热导率与尺寸的明显关系。石墨烯的尺寸包括长度 L 和宽度 W,其中 L 方向为所研究的热输运方向。对于弹道输运,声子的热导与 L 无关。Munoz 等[147]采用朗道公式法引入一个经验性的公式 $k = \kappa L\ell / [A(\ell+L)]$($\kappa$ 为弹道热导,A 为截面积),很好地定性解释了石墨烯的热导率随 L 的变化关系 $k \propto \ln(L)$,如图 1-15(a)所示。当体系较大时,计算非常耗时,因此 MD 法研究的石墨烯的尺寸一般偏小。Cao[156]研

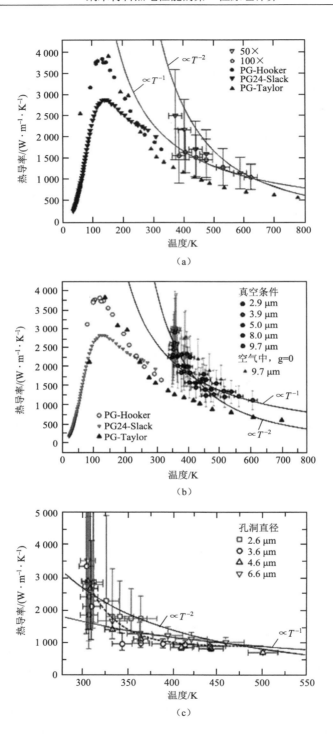

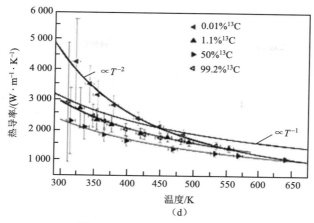

图 1-14 石墨烯的热导率随温度的变化

图中两条实线分别代表 $k \propto T^{-1}$ 和 $k \propto T^{-2}$ [128, 134, 139, 140]

究了 L_{max} = 3 μm 的 GNR（W = 5.2 nm）的热导率，同样得到了类似 $k \propto \ln(L)$ 的关系，见图 1-15（b）。Guo 等[160]、Shiomi 和 Maruyama[161]采用 MD 方法计算了较窄的 GNR 的热导率随 L 的变化关系，发现 $k \propto L^{\beta}$（$\beta<1$），体现了 GNR 典型的一维特性。BTE 的计算结果显示，如果只考虑一级 Umklapp 散射，无法得到随着 L 增加而收敛的热导率[162, 163]，而只有考虑了二级甚至更高级 Umklapp 散射时，石墨烯的本征热导率才能随着 L 的增加而收敛于某一固定值[153]，见图 1-15（c）。石墨烯纳米带（GNR）的热导率 k 随着其宽度 W 的增加首先呈 $k \propto W^{-1}$ 的关系，见图 1-15（d），当 W 足够大时则与二维石墨烯的 k 趋于一致。这在量子热导极限下很容易理解，由于 W 很小时，GNR 表现出典型的一维特性，低温下不同 W 的 GNR 的热导均为量子化热导[150]$3\kappa_0$，因此对应的热导率 $k \propto W^{-1}$。Tan 等[164]采用第一性原理 NEGF 方法研究了室温下 AGNR 和 ZGNR 的热导随 W 的变化，通过拟合计算结果，发现对于 ZGNR，$\kappa_{ZGNR} = 1.276 W + 0.4523$，对于 AGNR，$\kappa_{AGNR} = 1.119 W + 0.178$，根据 $k = \kappa L /(\delta W)$，δ = 0.335 nm，可以得到 $k \propto W^{-1}$。对于量子化热输运，热导取决于声子模式的数目，而后者与 GNR 原子数呈线性关系，即与 W 呈线性关系[165]，$\propto W$ 的热导对应于 $\propto W^{-1}$ 的热导率。Jiang 等[148]、Xu 等[166]和 Wang 等[151]研究了不同温度（100 K、300 K、200 K）下 k 与 W 的关系，都得到了类似的结果。Aksamija 和 Knezevic[167]、Nika 等[153]采用 BTE 法计算发现，$k \propto W$，这是因为计算中考虑了 GNR 宽度方向上声子的边缘散射，其弛豫时间 $\tau_B \propto W/v_\perp$，$v_\perp$ 为垂直于 GNR 边缘的声子群速度。研究表明，对于没有缺陷的 GNR，并不存在声子边缘散射[166, 168]，因为其边缘结构已经体现在声子的振动模式中，前面提到的 $\kappa \neq 0$（W = 0）从侧面证明了这一点。Lindsay 等[78]通过完全求解 BTE 方程，考虑了石墨烯中声子 Umklapp 散射的选择定则，发现 k_{GNR} 随着 W 的增加而下降并逐

渐趋于石墨烯的热导率，因为随着 W 的减小，光学声子向高频移动，减弱了其对低频声学声子（主要的热载子）的散射，从而导致热导率的增大。另外，MD 的模拟结果显示，GNR 的 k 随着 W 的增大而增大[160,169]或先增大后减小[160,170]，然而，对于 MD 的结果，至今尚未有合理的解释。

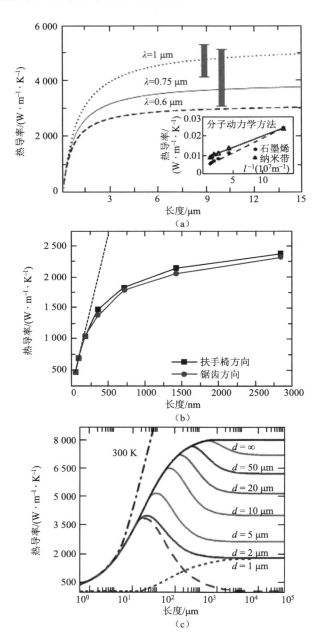

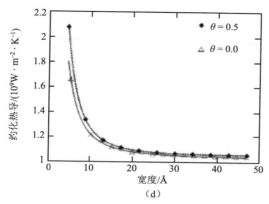

图 1-15 石墨烯的热导率随长度和宽度的变化关系

（3）层数与石墨烯热导率的关系

双层（BLG）及多层石墨烯（MLG）的层与层之间存在微弱的范德瓦尔斯力相互作用，随着石墨烯层数（n）的增加，其声子谱在布里渊区中心对应于单层石墨烯的 TA、LA、ZA 产生了 $3(n-1)$ 个低频的光学声子支 TA_i、LA_i、ZA_i（$i=2$, n）。声子谱结构的变化必将导致相应的声子输运性质的变化。Ghosh 等[132]采用 Raman 法测量了不同层数的石墨烯的热导率，如图 1-16（a）所示，发现石墨烯的热导率随着层数的增加而降低，当 n 由 1 到 2 时下降得最明显，达 33%左右，而 $n>4$ 时，多层石墨烯的热导率趋于石墨的热导率。Pettes 等[141]测量了 BLG 的热导率，室温下其值只有约 600 $W \cdot m^{-1} \cdot K^{-1}$。Wang 等[129]采用 Sensor 法测量了 $n=5$ 的 MLG 的热导率为 170 $W \cdot m^{-1} \cdot K^{-1}$。Ghosh 等[132]通过分析 BLG 的声子谱认为，BLG 多出的 TA_2、LA_2 声子通道其群速度在波矢较小时趋近于零，并不能有效地传递热量，反而增加了声子的 Umklapp 散射，因此，BLG 的热导率降低。Zhong 等[152]对这种现象进行了 MD 模拟分析，如图 1-16（b）所示，发现当 $n>8$ 时，MLG 的热导率已不再变化，通过分析 SLG 和 MLG 的声子谱，发现层间相互作用压缩了 MLG 在 1200~1600 cm^{-1} 的声子谱，并弱化了边缘的声子振动模式。Kong 等[154]采用弛豫时间近似（RTA）求解 BTE 发现，BLG 的热导率与 SLG 相比只下降了 10 $W \cdot m^{-1} \cdot K^{-1}$，这主要是因为计算过程中忽略了 ZA 声子的作用，而 ZA 声子被认为是石墨烯热导率的一个重要来源[163]。Lindsay 等[171]和 Singh 等[172]通过完全求解 BTE（full BTE），发现层间的相互作用打破了石墨烯的反演对称性，破坏了三声子过程的选择定则，大大增加了声子散射的相空间，因此降低了声子的热导率。BLG 的热导率仅为 SLG 的 73%，下降了 28%，与实验结果一致，而且当层数达到 4 或 5 时，MLG 的热导率基本不再变化，见图 1-16（c）。对于 MLG 的弹道输运，由于不考虑 ZA 声子的散射，不同层数的 MLG 的热导率只在低温区有明显的差异[172]，室温下区别不大[171]，这一点将在第 4 章做详细介绍。

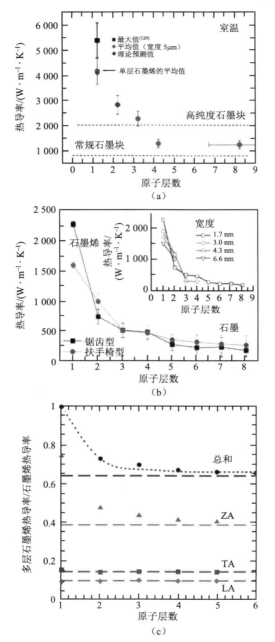

图 1-16 多层石墨烯的热导率随层数的变化[132, 152, 171]

(4) 基底对石墨烯热导率的影响

基底与石墨烯的相互作用可以明显降低石墨烯的热导率,表 1-5 列出了采用不同方法研究的基底对石墨烯热导率的降低比例。从石墨烯的声子平均自由程 l 可以看出，没有基底时 l 约为 775nm，而存在基底相互作用时 l 约为 100nm。实验结果显示，SiO_2 和 Cu 基底能够使石墨烯的热导率降低 80%~88%[128, 131]。Seol 等[131]通过 BTE 计算指出，基底与石墨烯的相互作用破坏了石墨烯的反演对称性，相应地改变了 ZA 声子散射的选择定则，使得 ZA 声子的弛豫时间大大降低，而石墨烯的热导率主要来自 ZA 的贡献，因此基底的作用使得石墨烯的热导率明显降低。Guo 等[173]采用 MD 方法模拟发现石墨烯在 SiC 基底上时，石墨烯边缘的一些 C 原子和 SiC 表面的 Si 原子形成了共价键，这些共价键增强了石墨烯的边缘局域效应，增加了对声子的散射，因此降低了石墨烯的热导率。Wang 等[174]采用 NEGF 法研究了石墨烯在 hBN 基底上的弹道热导，发现 hBN 与石墨烯的相互作用使石墨烯的 ZA 声子支在布里渊区中心附近由抛物线形逐渐变为直线形，降低了低频 ZA 声子的透射系数，因此降低了低温下石墨烯的热导，而对室温下石墨烯的热导并没有太大的影响。另外，基底和石墨烯的作用强度不同，石墨烯热导率的响应也不同。Chen 等[175, 176]通过改变 L-J 势中的参数 χ 来调节石墨烯和基底的相互作用强度，发现石墨烯的热导率随着 χ 的增大而减小，主要是因为基底的作用增强增加了石墨烯声子的散射。与此相反，Ong 和 Pop[177]发现 χ 增大能够提高石墨烯的热导率，因为石墨烯的 ZA 声子与 SiO_2 基底的 Rayleigh 波耦合使得石墨烯的 ZA 声子支直线化，从而增加了 ZA 声子的群速度。如前所述，石墨烯的热导率随着层数的增加而减小，然而当基底存在时，其热导率随着层数的增加而增加[130, 176, 178]。因为基底的作用要比石墨烯层间的相互作用使石墨烯的热导率下降得更明显[131, 132]，这不仅与相互作用的强度有关，而且与基底的晶体结构有关，此外，基底对石墨烯的作用是近程的[173]，存在一个作用深度[130]，因此随着层数的增加基底的影响减小，相应的热导率也增大。

表1-5 基底对石墨烯热导率的影响

文献	热导率降低比例/%	方法	基底	备注
[128]	85	实验	Cu	$D = 3.8\ \mu m$
[131]	80~88	实验	SiO_2	$L = 9.5 \sim 12.5\ \mu m$，$W = 1.5 \sim 3.2\ \mu m$
[177]	90.7	分子动力学	SiO_2	$L = 30\ nm$，$W = 5.1\ nm$
[173]	19	分子动力学	SiC	$L = 10\ nm$，$W = 1.56\ nm$
[175]	28	分子动力学	Cu	$L = 6\ nm$，$W = 6\ nm$，周期性结构
	43	玻尔兹曼输运		RTA，τ 由分子动力学结果拟合得到
[176]	40	分子动力学	SiO_2	$L = 30\ nm$，$W = 5.2\ nm$
[174]	4	非平衡格林函数	hBN	周期性结构，弹道输运

（5）ZA 声子模式对石墨烯热导率的贡献

由于实验手段很难证明石墨烯的热导率主要来自哪一个声子支的贡献，所以学术界关于 ZA 对石墨烯热导率的贡献一直存在分歧。Klemens 和 Pedraza[179]采用弛豫时间近似（RTA）求解 BTE 研究石墨烯的面内热导率时，忽略了 ZA 对热导率的贡献，因为 ZA 声子群速度很小且 ZA 声子存在较强的 Umklapp 散射。Nika 等[149]和 Kong 等[154]采用 BTE-RTA 计算石墨烯的热导率时就忽略了 ZA 声子的贡献，因为 ZA 声子支群速度很小且 Grüneisen 参数（表征非简谐性的参数）很大。Aksamija 和 Knezevic[167, 180]考虑了 ZA 声子的作用，同样采用 BTE-RTA 计算石墨烯的热导率，发现低温时（$T<130$ K）k 主要来自 ZA 声子的贡献，随着温度的升高，TA 和 LA 的贡献逐渐超过了相应的 ZA 声子。Chen 和 Kumar[175]结合 MD 和 BTE 研究了不同声子支对石墨烯热导率的贡献，其中 BTE 的各声子支的弛豫时间由 MD 的 SED 结果拟合得到，发现室温下 ZA 声子对热导率的贡献为 22%。Lindsay 等[163]通过完全求解 BTE 方程，同时考虑 N 过程和 Umklapp 散射对声子输运的影响，研究了石墨烯的热输运现象，并根据晶体势的对称不变性，发现了二维晶体非简谐声子碰撞的选择定则：只允许偶数个 ZA 模式的声子参与碰撞过程。根据这一定则，约 60% 的 ZA 三声子散射相空间被禁止，因此该定则直接导致了 ZA 声子的弛豫时间增加。此外，由于 ZA 声子色散在布里渊区中心附近呈抛物线形，其声子态密度要明显大于直线形的 TA 和 LA。因此，选用新的散射定则，ZA 声子对石墨烯热导率的贡献占主导地位，室温下其对石墨烯热导率的贡献为 75% 左右。Zhang 等[181]采用 MD 模拟，通过分别冻结石墨烯面内和面外的振动自由度从而实现了 ZA 声子的分离，得到室温下 ZA 对石墨烯热导率贡献为 43% 左右，当然这种分离只对简谐近似或接近简谐近似情况成立[163]。值得一提的是，对于石墨烯声子的弹道输运，ZA 声子对热导的贡献只在低温区占主导作用[146]。不同计算方法得到 ZA 声子对热导率的贡献如图 1-17 所示。

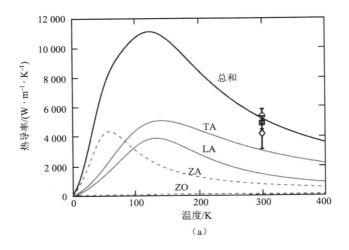

(a)

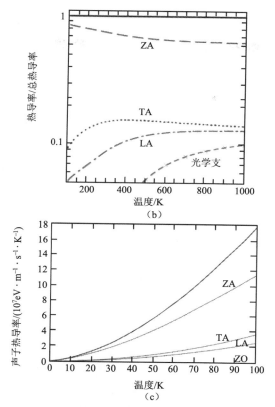

图 1-17 不同声子支对石墨烯热导率的影响

(a) BTE-RTA[180]; (b) full BTE 并考虑新的声子散射选择定则[163]; (c) LF 法弹道输运[146]

实验制备的石墨烯往往存在各种缺陷,包括空位[182-185]、Stone-Walse 形变[183, 184, 186]、杂质原子[185]及同位素[134, 155],这些缺陷的存在严重影响了石墨烯的导热性能,另外,石墨烯边缘的粗糙程度也会影响其热导率[170, 182, 187],这些都给石墨烯的制备带来了很大的困难。GNR 的热导率还存在各向异性[148, 152, 166, 169, 180],W 相同时,ZGNR 的热导率要高于 AGNR,主要是因为 AGNR 的边缘存在更多的局域化的声子振动[166, 169],这种各向异性在温度升高或 GNR 的 W 增加后逐渐消失。除此之外,与石墨烯的热输运相关的还有热整流效应[182]和负微分热阻现象[188],两者在石墨烯的电子器件应用方面都有重要的意义。

3. 石墨烯的热电性质

石墨烯的热电效应是研究石墨烯电子器件的一个重要方面。Checkelsky 和 Ong[189]、Zuev 等[190]分别对石墨烯的 TEP 在不同温度下随着门电压 V_g 的变化情况进行实验研究,如图 1-18 所示,发现石墨烯的 TEP 以电荷中性点(CNP)或 Dirac

点呈反对称分布，V_g 经过 Dirac 点时 TEP 方向改变。N 型半导体的 TEP 为正值，P 型半导体的 TEP 为负值。因此随着 V_g 的变化，石墨烯实现了由电子（electron）到空穴（hole）导电的转变。TEP 的最大值出现在 Dirac 点附近，室温下石墨烯的 TEP 约为 80 μV·K^{-1}。另外，石墨烯的 TEP 随着温度的升高而线性增加，这与 Mott 公式[89]的预测一致。Seol 等[131]测量了室温下两个石墨烯样品的 TEP 分别为 −79.7 μV·K^{-1} 和 −82.7 μV·K^{-1}，并测量了石墨烯 TEP 随温度的变化，通过拟合 $S \propto T$ 的关系得到对应的费米能 E_F 或化学势 $\mu = 0.049$，这与本书的第一性原理的计算结果一致，见第 4 章。Ouyang 和 Guo[191]采用 NEGF 方法对比研究了 15-AGNR 和石墨烯的热电性质，发现由于 GNR 电子结构存在带隙，其 TEP 比石墨烯要大得多，室温下最大值为 981 μV·K^{-1}，优化的 ZT 最大值为 0.109。由于 GNR 的电子和声子性质都与其结构有关且能够调节，并且 NEGF 方法研究一维 GNR 结构的热电性质非常方便，所以科学家们采用 NEGF 方法对各种 GNR 衍生结构的热电性质展开了广泛的研究，同时发现了一些能够增强 GNR 热电效应的方法，见表 1-6。对这些结构和方法的探索，有助于人们理解纳米结构热电输运的机理，从而为寻找高性能的纳米热电材料提供了宝贵的理论指导，另外对 GNR 在电子工业领域的应用也有非常重要的意义。

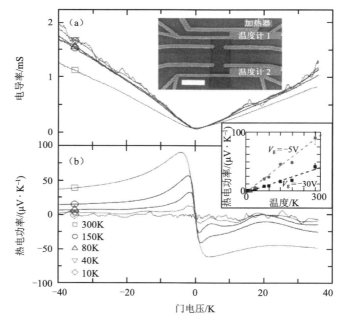

图 1-18 石墨烯的电导率和热电功率随温度和门电压 V_g 的变化

插图为 TEP 与温度的线性关系

表 1-6　GNR 及其衍生结构的热电性质

文献	材料	室温最高热电优值	备注
[192]	石墨烯	5.8	H 空位
[193]	锯齿型石墨烯纳米带	4	边缘不规则
[194]	混合结构石墨烯纳米带	1	共振隧穿
[195]	扶手椅型石墨烯纳米带	0.35	缺陷，磁场
[196]	延长线缺陷锯齿型石墨烯纳米带	5	缺陷
[197]	石墨烯纳米带异质结	0.6	—
[198]	树根状石墨烯纳米带	0.45	优化
[199]	BCN 纳米带	0.7	优化
[200]	石墨烯纳米带	6	H 钝化
[201]	直线/V 型石墨烯纳米带	2	同位素工程
[202]	石墨炔纳米带/石墨炔纳米结	0.6	优化

1.3.3 石墨炔和石墨炔纳米管

碳元素形成化合物时可存在的杂化态有 sp、sp^2 和 sp^3，其中金刚石的碳原子以 sp^3 形式存在，而石墨、富勒烯、碳纳米管和石墨烯中的碳原子都以 sp^2 形式存在，由于碳化学键的多样性，人们可以设计出许多包含不同形态碳原子的结构，而石墨炔即为其中一种。石墨炔是一类只包含 sp 和 sp^2 碳原子的二维碳材料的统称，同样只有一个原子的厚度，最早由 Baughman 等[40]提出，可以通过在石墨烯的 sp^2 碳原子间（—C≡C—）插入炔链—C≡C—得到，如图 1-19 所示。不同的石墨炔通常可以由 α, β, γ-graphyne 来表示。其中 α、β、γ 为碳原子环的原子个数，且 $\alpha \leqslant \beta \leqslant \gamma$。环与环之间都通过炔链 $C(sp^2)$—$C(sp)$≡$C(sp)$—$C(sp^2)$ 相连接。因此，图 1-19（a）～图 1-19（d）分别为 18,18,18-graphyne、12,12,12-graphyne、6,6,6-graphyne 和 6,6,12-graphyne。前三种结构三个坐标都相等，比较容易辨识，因此常用 α-graphyne、β-graphyne 和 γ-graphyne 来表示。另外，这三种结构中 γ-graphyne 最稳定，因此常常将 γ-graphyne 简称为 graphyne，即石墨炔。所以通常说的石墨炔如果不加前缀的话指的就是 γ-graphyne。γ-graphyne 晶格拥有与石墨烯相似的对称性，同样属于六方晶系，其单胞如图 1-19（c）中虚线所示，计算表明[40, 203-206]，γ-graphyne 的晶格常数 $a_0 = 6.86\sim6.89$。γ-graphyne 的结构，两个相邻的六元环之间通过两个 sp 碳原子，即以—C≡C—相连，如果之间插入 4 个 sp 碳原子，即—C≡C—C≡C—，这种结构称为 graphdiyne，即石墨二炔。Li 等[41]在铜基底上制备了 3.61 cm^2 的石墨二炔，并通过测量发现具有半导体特性。同样如果六元环之间的炔链继续增加，这些结构被称为石墨三炔、石墨四炔等，分别用 graphyne-3、graphyne-4 来表示。

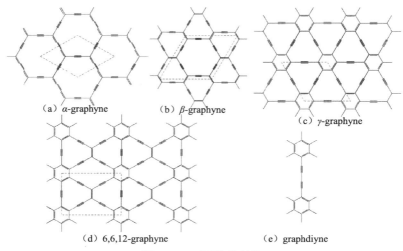

图 1-19 石墨炔的结构

图中虚线内是石墨炔的单胞；graphyne 为石墨炔

石墨炔一个重要的电学性质就是其能带结构也存在 Dirac 锥[205, 207]，见图 1-20。α-graphyne 和 β-graphyne 的价带与导带在费米能级相交于一点，即 Dirac 点，该点附近，电子的色散呈直线，其有效质量为零，即 massless fermions，由于费米速度很快接近光速，因此相对论效应显著。6,6,12-graphyne 的能带存在两个 Dirac 锥，其 Dirac 点分别位于费米能级上下，表现出一种自掺杂效应，在费米能级处，X 方向电子导电而 X' 方向则是空穴导电，因此其电子导电有很强的方向性，这有利于其在快速晶体管等电子器件领域的应用。Chen 等[208]通过第一性原理计算发现，由于 6,6,12-graphyne 中 sp 碳原子的存在，其电声耦合作用比石墨烯中要小，因此其载流子迁移率要高于石墨烯。γ-graphyne 和 graphdiyne 是典型的半导体，E_g 为 1.2～4.6[40, 203, 204, 206, 209, 210]。第一性原理计算表明[211]，石墨炔和石墨二炔纳米带也都是半导体，并且带隙随着纳米带宽度的增加而减小。Ouyang 等[212]采用 NEGF 法研究了石墨炔纳米带的热输运性质，发现与石墨烯纳米带相比，石墨炔纳米带的热导在同等条件下只有前者的 40%，并且与炔链的长度没有明显的关系，另外还发现石墨炔纳米带的热导存在更强的各向异性。Zhang 等[213]采用 MD 选取周期性边界条件模拟了几种不同类型的二维石墨炔的热导率，发现不同结构的石墨炔的热导率均小于石墨烯的热导率，并指出其热导率的降低是炔链上相对较弱的碳碳单键导致的。石墨炔较低的热导率和稳定的半导体性质暗示着其可能具有优异的热电性质，这点将在第 5 章介绍。

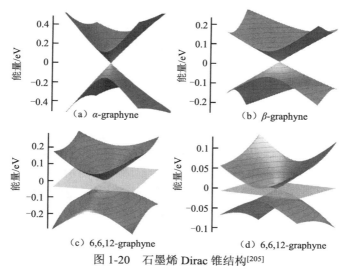

图 1-20　石墨烯 Dirac 锥结构[205]

6,6,12-graphyne 的能带结构存在两个 Dirac 锥形结构，其 Dirac 点分别稍微偏离费米能级而位于导带和价带

与石墨烯卷曲可以形成石墨烯纳米管一样，石墨炔纳米管（GNT）[214, 215]也可以由石墨炔沿着某一方向卷曲得到，见图 1-21。与 CNT 不同的是，$(n, 0)$ 表示

的是扶手椅型 GNT，而（n, n）表示的是锯齿型 GNT。Coluci 等[216]用紧束缚（TB）的方法研究了 GNT 的电子结构，发现不同管径和构型的 GNT 都是半导体，E_g 为 0.4~0.5 eV，与 GNT 的管径和手性无关，这点在实际应用中非常重要，因为根据 CNT 的制备经验可以知道，实验制备中准确控制管径和手性来得到某种性质的 CNT 非常困难。Li 等[217]通过模板法制备了壁厚为 15 nm 的石墨二炔纳米管阵列（GDNT），并发现其具有高效的场发射性能。GNT 的热电性能将在第 5 章介绍，而关于 GNT 其他方面的性能及制备尚未见报道。

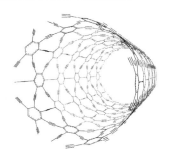

图 1-21　（5, 5）石墨炔纳米管的结构

石墨炔多种多样的结构，提供了整个碳家族丰富多彩的性质，相对于石墨炔的多样性，人们对其本质的理解都还远远不够[218]。因此，这类有趣的结构还需要而且值得更多的实验及理论上的研究。

1.4　新型二维材料

1.4.1　过渡金属硫系化合物

过渡金属硫系化合物[219, 220]是近几年来很热门的新型二维材料，其具有与石墨烯类似的六方晶格结构（图 1-22），具有 MX_2 的分子式[221-223]，其中 M 为过渡金属，X 为硫族原子，典型的过渡金属硫系化合物包括 MoS_2、$MoSe_2$、WS_2 和 WSe_2。过渡金属硫系化合物家族在很多领域上具有独特的应用，如光电器件[224, 225]、场效应晶体管[226, 227]、电子器件[225, 228]、超级电容器[229]、电池材料[230]和声子工程应用[231]等。

1. 过渡金属硫系化合物的电子结构

Mak 等[232]、Kadantsev 和 Hawrylak[233]研究了二硫化钼的电子特性，发现其单层二硫化钼是具有直接带隙的半导体，随着层数的增加，直接带隙逐渐转化为间接带隙。Kibsgaard 等[234]发现二硫化钼的边缘态具有强的电催化特性，可应用于电催化制氢。Liu 等[230]发现二硫化钼可应用于快速锂离子插层，有望成为下一代锂离子电池材料。Chang 等[235]发现对过渡金属硫系化合物 MX_2 而言，X—M—X 键的键角及 X—X 键的键长是决定其电子结构的主要因素，这来源于 M 原子的 d 轨道和 X 原子的 p 轨道之间的耦合作用。Conley 等[236]研究了单层二硫化钼在应力下的光致发光特性，发现二硫化钼在约为 1%的应力下，其发光强度有很大的下降，预示着光学带隙从直接跃迁到间接跃迁的转变。

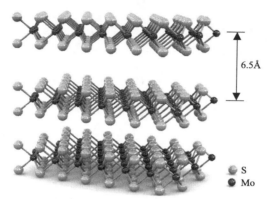

图 1-22　过渡金属硫系化合物中二硫化钼的结构示意图[237]

2. 过渡金属硫系化合物的热电潜在应用

在热电转换方面，过渡金属硫系化合物吸引了许多学者的关注。Huang 等[238]研究了低层数过渡金属硫系化合物的热电性能，发现 N 型的单层二硫化钼和双层二硒化钨在 500 K 下热电优值能分别达到 1.6 和 2.1，而单层的二硒化钨热电优值则在 0.4 左右[239]。Lee 等[240]采用密度泛函理论研究了 MS_2/MTe_2（M=Mo/W），由于层间范德瓦尔斯力作用及能带带隙的降低，其热电性能有很大的提升。Fan 等[241]通过理论计算预测了扶手椅型二硫化钼纳米条带具有优异的热电性能，是潜在的热电材料。Buscema 等[242]发现单层的二硫化钼在电场调控下具有 -4×10^2 到 -1×10^5 μV·K^{-1} 的泽贝克系数。综上所述，过渡金属硫系化合物是一种潜在的高性能热电材料，然而其高性能存在的内部机制及如何进一步挖掘其热电性能则有待探索。

1.4.2　VA 族材料

由第五主族（VA）元素所组成的二维材料也是近年才出现的新型家族，典型代表便是由砷、锑和铋组成的二维材料，分别称为砷烯、锑烯和铋烯。这个新家族的二维材料具有多种典型结构，包括 β-、ω- 和 αω-，图 1-23 展示了具有这 3 种结构的二维锑烯，为了方便描述，通常把 β-结构称为弯曲型体系（buckled），而把 αω-结构称为褶皱型体系（puckered）。图 1-24 表明 ω-结构的声子谱存在虚频，可以看出该结构具有热力学不稳定性，因此一般研究中所涉及的主要包括弯曲型和褶皱型两种形式。2015 年，Zhang 等[243]通过第一性原理方法预测了二维砷烯和锑烯的热力学稳定性。2016 年，Ares 等[244]和 Ji 等[245]分别通过实验制备了多层的二维锑烯结构。这些报道意味着 VA 族二维材料作为新的二维家族成员进入学者的视野，等待着探索和利用。

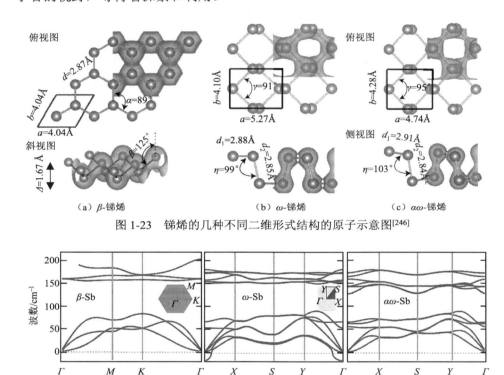

图 1-23　锑烯的几种不同二维形式结构的原子示意图[246]

图 1-24　锑烯的几种不同二维形式结构的声子谱[246]

1. VA 族材料的电学性能

Cao 等[247]用第一性原理的方法研究了单层和双层的弯曲型砷烯，发现单层的砷烯呈现半导体特性，有 1.672 eV 的间接电子带隙，而双层砷烯具有 0.227 eV 的间接电子带隙。Wang 等[248]发现二维弯曲型砷烯具有 0.78 eV 带隙的半导体特性，对其进行掺杂发现砷烯在具有奇数价电子的ⅢA、ⅤA 和ⅦA 族的原子掺杂下能保持半导体特性，而在具有偶数价电子的ⅣA 和ⅥA 族原子掺杂下则体现出金属性。Zhang 等[249]发现半氢化的砷烯具有金属特性而全氢化的砷烯在费米能级处具有狄拉克点电子结构。而在 Aktürk 等[246]的研究中，弯曲型和褶皱型二维锑烯的电子带隙分别为 1.04 eV 和 0.16 eV，而弯曲型和褶皱型二维铋烯[250]的电子带隙分别为 0.547 eV 和 0.28 eV。

2. VA 族材料的光学和热学特性

Kecik 等[251]系统性地研究了二维砷烯的光学性能，发现单层和双层的砷烯的光学吸收主要在可见光和紫外光范围，结构各向异性、层数、层内应力均是影响光学性能的主要因素。Zhao 等[252]通过第一性原理的方法预测了二维弯曲型锑烯在 14.5%的双轴应力拉伸下可转变为拓扑绝缘体，这将带来其光电性能上的应用。Zeraati[253]研究了褶皱型砷烯，发现其在热输运上具有很强的各向异性，锯齿和扶手椅输运方向上的热导率分别为 30.4 W·m^{-1}·K^{-1} 和 7.8 W·m^{-1}·K^{-1}，其中锯齿方向上的热导率主要由平均自由程在 20~1000 nm 内的声子贡献，而扶手椅方向上的热导率主要由平均自由程在 20~100 nm 内的声子贡献。Wang 等[254]通过玻尔兹曼方法计算出锑烯在室温下具有较低的热导率，为 15.1 W·m^{-1}·K^{-1}，其原因为低的声子群速、低的德拜温度和高的褶皱厚度，同时其室温下热输运特性主要由声学声子分支中的纵波决定，其热导率随着材料尺寸减小会进一步降低，有望成为高性能的热电材料。

1.4.3 拓扑绝缘体

1. 量子自旋霍尔效应

1879 年，物理学家霍尔首次发现，在外加磁场下，通电导体中垂直于电流方向（假设为 x 方向）和外加磁场方向（假设为 z 方向）的两端电子所处的电势不同，即形成了电势差（y 方向上），这个电势差就称为霍尔电压 V_H，如图 1-25 所示，这被称为霍尔效应[255]。其中，霍尔系数 R_H 被定义为 y 方向上霍尔电压和 x 方向上载流子电流密度与 z 方向上磁场强度的乘积之比。

$$R_H = \frac{V_H}{j_x B_z} \qquad (1\text{-}10)$$

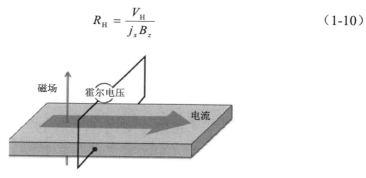

图 1-25 霍尔效应的测量示意图[256]

霍尔效应的出现引发了科学家的强烈兴趣，在极低温和强磁场的条件下，实验中可以观察量子霍尔效应，其中霍尔电导呈现量子化。在 1980 年，整数量子霍尔效应（ν=1，2，3 等整数）被德国 Klaus von Klitzing 发现；在 1982 年，分数量子霍尔效应（ν=1/3，2/5，3/7 等分数）被美国的 Daniel C.Tsui 和 Horse L.Stormer 发现。

$$\sigma_{\mathrm{H}} = \frac{I_{\mathrm{channel}}}{V_{\mathrm{H}}} = \nu \frac{e^2}{\hbar} \qquad (1\text{-}11)$$

材料根据其电子结构带隙可以分为金属、半导体和绝缘体。然而在绝缘体中，根据其拓扑结构不同，还可以进一步分为普通绝缘体和拓扑绝缘体，简单来说，拓扑绝缘体具有体结构绝缘而表面态导电的特殊性质。拓扑绝缘体存在于二维体系和三维体系中，拓扑绝缘体并不是由实验首次观察到的，而是通过理论预测进而实验设计来验证得到的。1980 年，当整数量子霍尔效应被首次发现后[257]，人们很快意识到这是一种新的电子形态，其量子霍尔电导只能取值为整数倍的 $e^2/\hbar$。在形态上，二维拓扑绝缘体与整数级量子霍尔效应很类似，区别只在于二维拓扑绝缘体本身的强自旋-轨道耦合作用代替了外加磁场，并对不同自旋的电子产生了不同方向的磁场作用，这也是二维拓扑绝缘体通常被称作量子自旋霍尔半导体的原因。

如图 1-26 所示，在普通半导体中，电子被束缚在原子核周围，最高占据价带和最低非占据导带之间有一个能量带隙，也称禁带宽度，价带中的电子无法顺利进入到导带中参与输运。当二维材料处于强的磁场之下，由于洛伦兹力的作用，在边缘处会出现电子的聚集，而形成一条一维的导电通道，同时其能带图体现为在体结构的带隙中出现了导电表面态。而对于量子自旋霍尔效应，其本身的自旋-轨道耦合作用产生了一个内部磁场，对不同自旋的电子产生不同的作用，因此，在同一个边缘处，形成了两条导电通道，其中自旋向上的电子的输运方向与自旋向下的电子相反，在能带结构中则体现为在体结构的带隙中出现了两个表面态，分别对应自旋向上和自旋向下的电子能级。

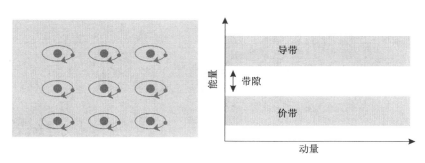

（a）绝缘态

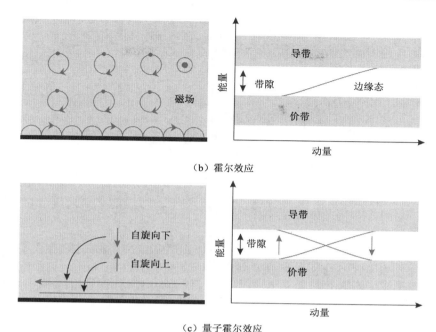

图 1-26　普通绝缘态、霍尔效应和量子霍尔效应下的电子态示意图[258]

更为直观的量子自旋霍尔效应如图 1-27 所示，载流子在内部磁场作用下产生的洛伦兹力使得不同自旋的电子出现了不同方向的旋转，在二维材料的内部，电子之间依旧是孤立的状态，而在边缘处，则形成了一个闭合的通道状态，其中，自旋相反的电子所形成的通道方向也相反。

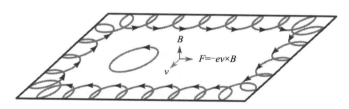

图 1-27　量子自旋霍尔效应示意图

注：在洛伦兹力下载流子在边缘处形成的导电通道[259]

与此同时，有一点必须注意，由于在边缘态只存在一个导电通道，因此，任何非磁性杂质将不能对导电通道造成影响，同时由于电子都沿着同一个方向运动，电子之间不会出现相互碰撞的情况。二维材料中，基于量子霍尔效应，在边缘处会形成一条导电通道，而基于量子自旋霍尔效应，则在边缘处会形成两条导电通道，方向相反，分别被不同自旋的电子所占据，见图 1-28。

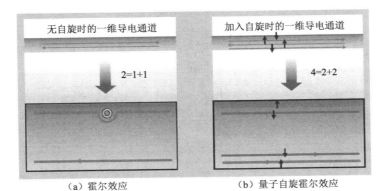

图 1-28　霍尔效应和量子自旋霍尔效应示意图[260]

对于不同维度的拓扑绝缘体，其导电态都存在于小一个维度的表面态上，如图 1-29 所示，对于三维拓扑绝缘体来说，其上下两个表面存在导电态；而对二维拓扑绝缘体来说，其上下两个边缘存在导电态；对于一维材料来说，导电态只为两个端点，不能形成通道，故不能描述为拓扑绝缘体的特性。

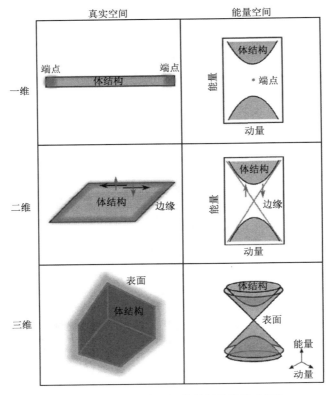

图 1-29　不同维度下拓扑材料的边缘态[259]

2. 拓扑不变量（Z_2）

一个体系是否属于拓扑绝缘体，可以通过 Fu 等[261, 262]所解释的拓扑不变量 Z_2 来进行描述。原则上说，拓扑不变量 Z_2 可以由通过两个时间反演对称性动量（TRIM）之间费米表面态数目为奇数还是偶数来决定。对于具有反对称性的三维体系来说，有 8 个时间反演对称性动量 Γ_i。

$$\Gamma_i = \frac{1}{2}(n_1\vec{b_1} + n_2\vec{b_2} + n_3\vec{b_3}), (n_k = 0,1) \tag{1-12}$$

其中，$\vec{b_k}$ 是倒格子的格矢。对于二维体系来说，则有 4 个时间反演对称性动量 Γ_i，分别是（0, 0）、（0, 0.5）、（0.5, 0）和（0.5, 0.5）。对于反对称性体系中的每一个时间反演对称性动量 Γ_i 上，定义该 Γ_i 上的 $\delta(\Gamma_i) = \pm 1$，可由式（1-13）得到。

$$\delta(\Gamma_i) = \prod_{m=1}^{N} \xi_{2m}^{i} \tag{1-13}$$

其中，$\xi_{2m}^{i} = \pm 1$ 是时间反演对称性动量 Γ_i 上处于费米能级以下第 $2m$ 个自旋简并的能带的奇偶本征值；N 是该 Γ_i 上费米能级以上所有价电子占据的自旋简并的能带数。

而对于不具备反对称性的体系，则可通过式（1-14）计算得到。

$$\delta(\Gamma_i) = \frac{\sqrt{\det[w(\Gamma_i)]}}{Pf[w(\Gamma_i)]} = \pm 1 \tag{1-14}$$

$$w_{mn}(k) = \langle u_{-k,m} | \Theta | u_{k,n} \rangle \tag{1-15}$$

其中，$w(k)$ 是单位矩阵，其矩阵元由式（1-15）给出；$|u_{k,n}\rangle$ 是费米能级以下第 n 条能带的布洛赫函数；Θ 是时间反演对称性算符。最后通过将所有时间反演对称性动量 Γ_i 的 $\delta(\Gamma_i)$ 相乘，便可得到拓扑不变量 Z_2，按照式（1-16）定义 v。对于二维体系，只有一个拓扑不变量 Z_2 的值，当 $v=1$ 时，体系具有拓扑绝缘体特性，当 $v=0$ 时，体系是普通绝缘体。而对于三维体系，则有 4 个拓扑系数（$v: v_1v_2v_3$），当 $v_0=1$ 时，体系是强的拓扑绝缘体，当 $v_0=0$ 时，体系是弱的拓扑绝缘体。

$$(-1)^v = \prod_{i=1}^{4} \delta(\Gamma_i) \tag{1-16}$$

3. 拓扑绝缘体家族

由于拓扑绝缘体奇特的性质，科学家们对具有拓扑绝缘体潜力的材料体系进行了深入的探索。2006 年，斯坦福大学的 Bernevig 等[263]意识到在大多数材料体系中，由于电子与原子核之间的作用很弱，很难观察到拓扑绝缘体的特性，然而这种作用随着原子质量的增大而增强，于是，他们从理论上预测由重原子汞和锑所形成的晶体材料可能具备形成拓扑绝缘体的条件。随后在 2007 年，Konig 等[264]便制备出了锑化汞的薄层材料，并观察到在样品的边缘处存在量子化的导电态。

如图 1-30（a）所示，锑化汞薄层材料被嵌在两层锑化镉材料之间，当锑化汞层的厚度较小时，由 s 轨道构成的导带位于由 p 轨道构成的价带之上；当厚度逐渐增大到 6.5 nm 时，量子阱体系的自旋-轨道耦合作用变强，能带发生逆转，如图 1-30（b）所示，相应地出现了两条导电表面态，分别允许不同自旋的电子从价带跃迁到导带，这一特性是受到时间反演对称性保护而无法被去除的[260]。同时，在实验测量中得到的量子化电阻为 $\hbar/2e^2$，见图 1-30（c）。

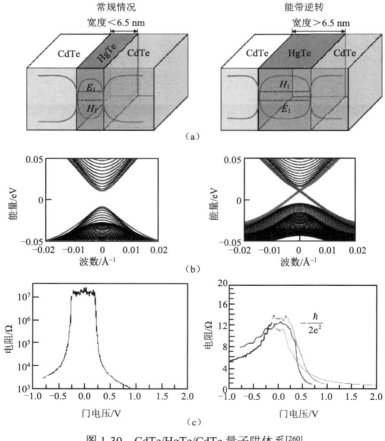

图 1-30　CdTe/HgTe/CdTe 量子阱体系[260]

在实验中，为了更直观地观察到三维拓扑绝缘体的导电表面态，可以采用角分辨光电子能谱（ARPES）来表征。在三维拓扑绝缘体中，由于自旋-轨道耦合作用,即电子的角动量和轨道的动量之间的作用,在表面态中出现了自旋与动量的锁定,即相反 k 点轨道上所占据的电子自旋方向相反,称为自旋动量锁定结构,于是在二维倒空间投影上便可以观察到不同自旋方向电子波矢围绕成圆圈的图像,见图1-31(a)。另外,通过角分辨光电子能谱也可以直接观察到在体结构的带隙中所存在的导电表面电子态,其中自旋相反的电子占据的能带不同,也为自旋-动量锁定所导致。

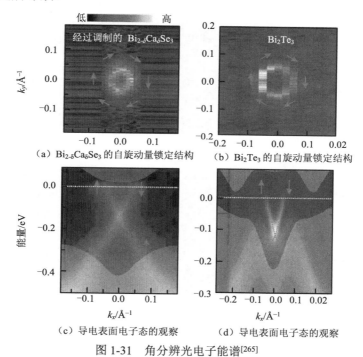

(a) $Bi_{2-\delta}Ca_{\delta}Se_3$ 的自旋动量锁定结构　　(b) Bi_2Te_3 的自旋动量锁定结构

(c) 导电表面电子态的观察　　(d) 导电表面电子态的观察

图1-31　角分辨光电子能谱[265]

结合理论上的推导和实验上的验证,以及角分辨光电子能谱上对拓扑绝缘体自旋动量锁定结构和导电表面态的直接观察,对拓扑绝缘体的理论预测已经成为研究热点[266-269],许多新型拓扑绝缘体被预测甚至设计验证出来,包括二维拓扑绝缘体和三维拓扑绝缘体体系,分别如表1-7和表1-8所示。

表1-7　二维拓扑绝缘体体系

文献	年份	材料	带隙值/eV
[270]	2014	与 WS_2 或 WSe_2 相互作用的石墨烯	0.001
[271]	2015	Me-Bi、Me-Sb、Me-Pb	0.934/0.386/0.964
[272]	2015	磷烯(电场条件下)	1.5～2.2
[273]	2015	XY (X = Ge/Sn/Pb, Y = S/Se/Te)	0.26 (PbTe)
[274]	2015	MTe_2 (M = Mo/W)包裹硅烯	0.0025
[275]	2015	GaBi、InBi、TlBi、TlAs、TlSb、TlN	0.855 (TlBi)

表 1-8 三维拓扑绝缘体体系

文献	年份	材料	带隙值/eV
[276]	2010	$TlBiQ_2$,$TlSbQ_2$ (Q =Te/Se/S)	
[277]	2010	$Bi_{0.5}Sb_{0.5}$ 合金	0.5
[278]	2010	Bi_2Te_3,Bi_2Se_3,Sb_2Te_3,$Sb_2(Te_{1-x}Se_x)_3$ ($x<0.95$)	0~0.35
[279]	2010	Bi_2Se_3,Bi_2Te_3	0.31,0.08
[280]	2010	$(M_3N)Bi$ ($M = Ca$,Sr,Ba)	
[281]	2011	Bi_2Te_2Se,Bi_2Te_2S,Bi_2Se_2S,Sb_2Te_2Se,Sb_2Te_2S	0.224~0.297
[282]	2011	I_2-Ⅱ-Ⅳ-Ⅵ$_4$、I_3-V-Ⅵ$_4$(如 Cu_3SbS_4,$Cu_2ZnGeSe_4$)	0~0.1
[283]	2015	$(Bi_{1-x}Sb_x)_2Te_3$	

1.5 低维材料热输运的计算方法

低维纳米材料的尺寸往往接近或低于声子的平均自由程,尤其是对于 CNT 及石墨烯这种声子平均自由程很大的材料。另外,当今电子工业发展到了数十乃至十几纳米尺度,这种情况下无论是声子还是电子,弹道输运将会成为微观系统能量输运的主要模式。研究低维纳米结构的能量输运机理,对这些材料的实际应用有非常重要的意义。

理论上研究低维纳米结构热输运的方法主要有 3 种:分子动力学法(MD)、玻尔兹曼输运法(BTE)和朗道公式法(LF)。近年来,随着纳米技术及微纳实验手段的发展,这 3 种方法在解决一些低维纳米结构的热输运问题中发挥了很大的作用,能够以其各自的魅力解释和预测一些新的物理现象。3 种方法各有优劣,见表 1-9,与实验手段一起成为人们理解微观热输运现象的重要工具。

表 1-9 研究热输运的几种方法的比较

方法	优点	缺点	计算热导的公式
MD	不需要知道声子谱及声子的散射情况,德拜温度以上可以处理任意阶的非简谐效应	没有考虑量子效应,不适用于低温的情况,没有考虑电子的作用,不适用于金属	Green-Kubo 公式 傅里叶定律
BTE	可以分析不同的声子支对热导率的贡献及不同的散射过程对声子输运的影响	不适合处理弹道输运,没有考虑声子的波动本质	玻尔兹曼方程
LF	准确地处理声子的弹道输运,适用于低温及低维纳米材料非简谐性不强的体系	不适合处理晶体的非简谐效应	Landauer 公式

1.5.1 分子动力学法

MD 方法基于牛顿运动定律,不需要考虑基本的声子散射过程,而是直接求解各原子的牛顿运动方程。MD 又可分为平衡态分子动力学（EMD）和非平衡态分子动力学（NEMD）。EMD 通过 Green-Kubo 公式来求解热导率

$$k_{\alpha\beta} = \frac{1}{Vk_BT^2} \int_0^\infty \langle J_\alpha(t) \cdot J_\beta(t) \rangle \mathrm{d}t \tag{1-17}$$

式中，$k_{\alpha\beta}$ 为热导率张量；V 为体积；k_B 为 Bolzmann 常数；T 为绝对温度；J_α 和 J_β 分别为 α、β 方向的热流。NEMD 模拟时需要给系统施加一个温度梯度或热流密度，然后根据傅里叶导热定律得到体系的热导率

$$J_\alpha = -\sum_\beta k_{\alpha\beta} \frac{\partial T}{\partial x_\beta} \tag{1-18}$$

在 MD 方法中一个至关重要的参数是原子间的势函数，势函数本身包含了任意阶的非简谐性，因此 MD 的优势是处理高温下非简谐效应很强的体系。首先，由于 MD 求解的是经典的牛顿力学方程，因此严格来说其只在温度高于固体材料的德拜温度的情况下成立，对于低于德拜温度的情况，一般需要考虑量子效应的影响。其次，MD 采用经验的原子间势函数，这对于一些新的结构及处理复杂的界面问题时缺乏预测性，同一个体系采用不同的势函数模拟得到的结果往往差别很大。近年来发展的一种从头算 MD 的方法（Ab initio-MD）可以从一定程度上解决选取势函数的困难。在 MD 模拟的过程中，需要在不同的时刻求解每一个原子的运动方程，计算量是非常大的，因此，采用 MD 模拟的体系一般都比较小，从而对一些性质的预测有局限性。

1.5.2 玻尔兹曼输运方程法

BTE 方法将声子视作经典粒子，而声子的运动遵循基于扩散输运的玻尔兹曼方程

$$v_\lambda \cdot \nabla T \frac{\partial n_\lambda^0}{\partial T} = \left.\frac{\partial n}{\partial t}\right|_c \tag{1-19}$$

式中，λ 表示不同的声子模式，$n_\lambda^0 = 1/(e^{\hbar\omega/k_BT}-1)$ 为平衡态声子的 Bose-Einstein 分布函数；t 为碰撞时间。等式左边为扩散项，右边为散射项。基于弛豫时间近似（RTA），可以得到物体的热导率

$$k_{\alpha\beta} = \frac{1}{V}\sum_\lambda C_\lambda v_{\lambda\alpha} v_{\lambda\beta} \tau_{\lambda\alpha} \tag{1-20}$$

式中，$C_\lambda = (\partial n_\lambda^0/\partial T)\hbar\omega_\lambda$ 为声子的模式比热；V 为体积；$\tau_{\lambda\alpha}$ 为弛豫时间，声子的

弛豫时间包括内在和外在两种。外在声子散射过程主要包括边界散射 τ_B 和杂质散射 τ_{im},而内在的散射过程主要是指由于晶体的非简谐性引起的声子之间的碰撞过程 τ_{anh}。总的弛豫时间可以通过 Matthiessen 公式得到 $\tau^{-1} = \tau_{anh}^{-1} + \tau_B^{-1} + \tau_{im}^{-1}$。不同的弛豫时间,一般都用不同的经验性公式计算,公式中往往包含很多参数,通过调节参数来和实验结果对比。对于非简谐效应,计算的过程中一般只考虑一阶,即三声子的碰撞过程,该过程遵守能量守恒和动量守恒。

$$\boldsymbol{q} \pm \boldsymbol{q}' = \boldsymbol{q}'' + \boldsymbol{G}$$
$$\omega(\boldsymbol{q}) \pm \omega'(\boldsymbol{q}') = \omega''(\boldsymbol{q}'')$$

（1-21）

式中,$\boldsymbol{G}$ 为倒格矢,$\boldsymbol{G} = 0$ 为 Normal（N）过程,$\boldsymbol{G} \neq 0$ 为 Umklapp 散射,另外 "+" 和 "-" 分别代表两种类型的三声子过程。对于声子的非简谐散射过程,经典的处理常常采用长波近似（LWA）,得到的弛豫时间一般为类似 $\alpha\omega^2 T$ 的关系,其中 α 为参数。这种方法往往需要调节很多参数来和实验数据相比较。另外,LWA 把 N 过程当作为 Umklapp 散射一样直接产生热阻,而 N 过程其实并不直接产生热阻,而是通过改变声子的分布来影响 Umklapp 散射从而间接产生热阻。最近几年,Broido 等[284, 285]发明了一种新的迭代求解线性 BTE 的方法以得到声子的弛豫时间,其中用到的主要公式为

$$\tau_\lambda = \tau_\lambda^0 (1 + \Delta_\lambda)$$

$$1/\tau_\lambda^0 = \sum_{\lambda'\lambda''}^{+} \Gamma_{\lambda\lambda'\lambda''}^{+} + \frac{1}{2}\sum_{\lambda'\lambda''}^{-} \Gamma_{\lambda\lambda'\lambda''}^{-} + \sum_{\lambda'} \Gamma_{\lambda\lambda'}^{\text{ext}}$$

$$\Gamma_{\lambda\lambda'\lambda''}^{\pm} = \frac{\hbar\pi}{4N_0}\left\{\begin{matrix}n_{\lambda'}^0 - n_{\lambda''}^0 \\ n_{\lambda'}^0 + n_{\lambda''}^0 + 1\end{matrix}\right\}|\boldsymbol{\Phi}_{\lambda,\pm\lambda',-\lambda''}^{(3)}|^2 \frac{\delta(\omega_\lambda \pm \omega_{\lambda'} - \omega_{\lambda''})}{\omega_\lambda \omega_{\lambda'} \omega_{\lambda''}}$$

（1-22）

$$\boldsymbol{\Phi}_{\lambda\lambda'\lambda''} = \sum_{s}\sum_{l's'}\sum_{l''s''}\sum_{\alpha\beta\gamma} \Phi_{\alpha\beta\gamma}(0s, l's', l''s'')\frac{e_{\alpha s}^\lambda e_{\beta s'}^{\lambda'} e_{\gamma s''}^{\lambda'}}{\sqrt{M_s M_{s'} M_{s''}}} e^{i\boldsymbol{q}'\cdot\boldsymbol{R}_{l'}} e^{i\boldsymbol{q}''\cdot\boldsymbol{R}_{l''}}$$

$$\Delta_\lambda = \sum_{\lambda'\lambda''}^{+} \Gamma_{\lambda\lambda'\lambda''}^{+}(\xi_{\lambda\lambda''}\tau_{\lambda''} - \xi_{\lambda\lambda'}\tau_{\lambda'}) + \frac{1}{2}\sum_{\lambda'\lambda''}^{-} \Gamma_{\lambda\lambda'\lambda''}^{-}(\xi_{\lambda\lambda''}\tau_{\lambda''} + \xi_{\lambda\lambda'}\tau_{\lambda'}) + \sum_{\lambda'} \Gamma_{\lambda\lambda'}^{\text{ext}}\xi_{\lambda\lambda'}\tau_{\lambda'}$$

$$\xi_{\lambda\lambda'} = \frac{v_{\lambda'}\omega_{\lambda'}}{v_\lambda \omega_\lambda}$$

整个计算过程唯一的输入就是晶体的二阶和三阶力常数矩阵 $\boldsymbol{\Phi}$,其中 $\boldsymbol{\Phi}^{(2)}$ 用来计算声子的本征频率 ω^λ 和本征矢 e^λ,$\boldsymbol{\Phi}^{(3)}$ 用来计算三声子过程的弛豫时间。力常数矩阵的计算方法有两种,一种由经验的原子间势函数得到,其势函数与 MD 用到的一样;还有一种是通过密度泛函微扰理论（DFPT）计算得到,又称 Ab initio-BTE。

Ab initio-BTE 方法实现了无参数化，因此可以预测一些新结构的导热性质。

由式（1-16）可以知道，晶体的热导率由各个声子模式的热导率求和得到，因此 BTE 的方法可以分开考虑每个声子模式对热导率的贡献。BTE 方法还可以很好地解释不同的散射过程（非简谐、杂质、边界）对声子输运的影响。玻尔兹曼方程是一个基于连续性假设（扩散输运）的方程，在利用 BTE 方法处理声子弹道输运问题时，可以通过将来自边界的载流子与介质中的载流子分开处理的方法，引入弹道-扩散热传导方程来处理。此外，BTE 方法将声子看作经典粒子，并没有考虑其波的本质。对于低维纳米材料，由于其尺寸接近或小于声子的平均自由程或声子的波长，此时声子的弹道输运及波动效应可能非常显著，所以 BTE 方法比较适用于处理三维块体材料。

1.5.3 朗道公式法

LF 法基于量子力学基本原理，可以准确地处理声子的弹道输运过程。声子的热导由 Landauer 公式给出

$$\kappa = \frac{1}{2\pi} \int_0^\infty d\omega \hbar \omega T(\omega) \frac{\partial n(\omega, T)}{\partial T} \tag{1-23}$$

式中，$T(\omega)$ 为声子的透射系数，对于一维完美晶体，如 CNT，声子的透射系数即为相应的声子频率所对应的声子模式的个数。计算透射系数的方法有很多，NEGF 是其中比较方便的一种，近十年来得到了广泛的应用，详见第 2 章。对于完美晶体，单个声子模式的 $T(\omega)=1$，那么对于一维晶体，在倒空间有

$$\kappa_{1D} = \sum_\lambda \int_0^\infty \frac{dq}{2\pi} \hbar \omega_\lambda(q) v_\lambda(q) \frac{\partial n[\omega_\lambda(q), T]}{\partial T} \tag{1-24}$$

设 $x = \hbar\omega / k_B T$，则有

$$\kappa_{1D} = \frac{2k_B^2 T}{\hbar} \sum_\lambda \int_{x_\lambda^{\min}}^{x_\lambda^{\max}} dx \frac{x^2 e^x}{(e^x-1)^2} \tag{1-25}$$

求解上式积分，可以得到热导的解析表达式[81]

$$\kappa_{1D} = \kappa_{1D}^{\min} - \kappa_{1D}^{\min}$$

$$k^\beta = \frac{2k_B^2 T}{\hbar} \sum_\lambda \left[\phi(2, e^{-x_\lambda^\beta}) + x_\lambda^\beta \phi(1, e^{-x_\lambda^\beta}) + \frac{(x_\lambda^\beta)^2}{2} n(x_\lambda^\beta) \right] \tag{1-26}$$

$$\phi(z,s) = \sum_{n=1}^\infty (s^n / n^z) \qquad \beta = 最小或最大$$

对于二维晶体有

$$\kappa_{2D} = \sum_{\lambda} \int \frac{dq_y}{2\pi} \int_{v_x>0} \frac{dq_x}{2\pi} \hbar\omega_\lambda(\boldsymbol{q})v_{\lambda,x}(\boldsymbol{q})\frac{\partial n[\omega_\lambda(\boldsymbol{q}),T]}{\partial T} \qquad (1-27)$$

采用类似的方法同样可以得到二维晶体热导的解析表达式[146]。LF 法研究的是弹道输运，弹道输运情况下热导不随体系长度的变化而变化，由于 $k = \kappa L/A$，因此得到的热导率随着 L 呈线性变化。在应用时，往往会引入声子的平均自由程 $\ell(\omega)$ 来定性地分析声子的输运由弹道到扩散的过渡，此时 $\mathcal{T}(\omega) \approx \ell(\omega)/[\ell(\omega)+L]$，其中平均自由程 $\ell(\omega) \approx \alpha\omega^2 T$，$\alpha$ 为拟合参数，因此有

$$\kappa = \frac{1}{2\pi}\int_0^\infty d\omega \hbar\omega \frac{\ell(\omega)}{\ell(\omega)+L}\frac{\partial n(\omega,T)}{\partial T} \qquad (1-28)$$

LF 法计算热导的前提是要知道晶体的声子谱，可以由经典的势函数得到，也可以由第一性原理计算得到，详见第 2 章。LF 优势在于处理声子的弹道输运，对于晶体的非简谐效应，虽然通过 NEGF 的方法可以处理[286, 287]，但是过程非常复杂，计算也非常耗时，只能应用于原子数很少的体系。由于低维纳米材料的尺寸往往接近或者低于材料的声子平均自由程，所以这些材料的声子输运通常用 LF 法能够给出比较合理的结果。

参 考 文 献

[1] 王晓明. 低维碳材料热及热电输运的第一性原理研究[D]. 广州：中山大学，2014.

[2] 陈楷炫. 二维材料热特性的第一性原理研究[D]. 广州：中山大学，2017.

[3] Disalvo F J. Thermoelectric cooling and power generation[J].Science，1999，285(5428)：703-706.

[4] Tritt T M. Thermoelectric phenomena, materials, and applications[J].Annu Rev Mater Res，2011,41(1)：433-448.

[5] Page A，Van der V A，Poudeu P F P，et al. Origins of phase separation in thermoelectric (Ti，Zr，Hf)NiSn half-Heusler alloys from first principles[J]. J Mater Chem A，2016，4(36)：13949-13956.

[6] Zhao L D，Tan G，Hao S，et al. Ultrahigh power factor and thermoelectric performance in hole-doped single-crystal SnSe[J]. Science，2016，351(6269)：141-144.

[7] Hicks L D，Dresselhaus M S. Effect of quantum-well structures on the thermoelectric figure of merit[J].Phys Rev B，1993，47(19)：12727-12731.

[8] Snyder G J，Toberer E S. Complex thermoelectric materials[J]. Nat Mate，2008，7(2)：105-114.

[9] Hicks L D，Dresselhaus M S. Thermoelectric figure of merit of a one-dimensional conductor[J].Phys Rev B，1993，47(24)：16631-16634.

[10] Zebarjadi M，Esfarjani K，Dresselhaus M S，et al. Perspectives on thermoelectrics：from fundamentals to device

applications[J]. Energ Environ Sci, 2012, 5(1): 5147-5162.

[11] Tang G H, Bi C, Fu B. Thermal conduction in nano-porous silicon thin film[J]. J Appl Phys, 2013, 114 (18): 45.

[12] Fu B, Tang G H, Bi C. Thermal conductivity in nanostructured materials and analysis of local angle between heat fluxes[J]. J Appl Phys, 2014, 116(12): 45.

[13] Venkatasubramanian R, Siivola E, Colpitts T, et al. Thin-film thermoelectric devices with high room-temperature figures of merit[J]. Nature, 2001, 413(6856): 597-602.

[14] Yan X, Poudel B, Ma Y, et al. Experimental studies on anisotropic thermoelectric properties and structures of n-type $Bi_2Te_{2.7}Se_{0.3}$[J]. Nano Lett, 2010, 10(9): 3373-3378.

[15] Guo Q, Chan M, Kuropatwa B A, et al. Enhanced thermoelectric properties of variants of Tl_9SbTe_6 and Tl_9BiTe_6[J].Chem Mater, 2013, 25(20): 4097-4104.

[16] Wright D A. Thermoelectric properties of bismuth telluride and its alloys[J]. Nature, 1958, 181(4612): 834-834.

[17] Chung D Y, Hogan T, Brazis P, et al. $CsBi_4Te_6$: a high-performance thermoelectric material for low-temperature applications[J]. Science, 2000, 287(5455): 1024-1027.

[18] Polvani D A, Meng J F, Chandra Shekar N V, et al. Large improvement in thermoelectric properties in pressure-tuned p-type $Sb_{1.5}Bi_{0.5}Te_3$[J]. Chem Mater, 2001, 13(6): 2068-2071.

[19] Sidorenko N A, Ivanova L D. Bi-Sb solid solutions: potential materials for high-efficiency thermoelectric cooling to below 180 K[J]. Inorg Mater, 2001, 37(4): 331-335.

[20] Chung D Y, Hogan T P, Rocci-Lane M, et al. A new thermoelectric material: $CsBi_4Te_6$[J]. J Am Chem Soc, 2004, 126(20): 6414-6428.

[21] Zhao X B, Ji X H, Zhang Y H, et al. Bismuth telluride nanotubes and the effects on the thermoelectric properties of nanotube-containing nanocomposites[J]. Appl Phys Lett, 2005, 86(6): 062111.

[22] Tang X, Xie W, Li H, et al. Preparation and thermoelectric transport properties of high-performance p-type Bi_2Te_3 with layered nanostructure[J]. Appl Phys Lett, 2007, 90(1): 012102.

[23] Cao Y Q, Zhao X B, Zhu T J, et al. Syntheses and thermoelectric properties of Bi_2Te_3/Sb_2Te_3 bulk nanocomposites with laminated nanostructure[J]. Appl Phys Lett, 2008, 92(14): 143106.

[24] Poudel B, Hao Q, Ma Y, et al. High-thermoelectric performance of nanostructured bismuth antimony telluride bulk alloys[J]. Science, 2008, 320(5876): 634-638.

[25] Zhang G, Kirk B, Jauregui L A, et al. Rational synthesis of ultrathin n-Type Bi_2Te_3 nanowires with enhanced thermoelectric properties[J]. Nano Lett, 2012, 12(1): 56-60.

[26] Zhang J, Liu H J, Cheng L, et al. Enhanced thermoelectric performance of a quintuple layer of Bi_2Te_3[J]. J Appl Phys, 2014, 116(2): 023706.

[27] Hsu K F, Loo S, Guo F, et al. Cubic $AgPb_{(m)}SbTe_{(2+m)}$: bulk thermoelectric materials with high figure of merit[J]. Science, 2004, 303(5659): 818-821.

[28] Wang H, Li J F, Nan C W, et al. High-performance $Ag_{0.8}Pb_{18+x}SbTe_{20}$ thermoelectric bulk materials fabricated by

[29] Johnsen S, He J, Androulakis J, et al. Nanostructures boost the thermoelectric performance of PbS[J]. J Am Chem Soc, 2011, 133(10): 3460-3470.

[30] Pei Y, Shi X, LaLonde A, et al. Convergence of electronic bands for high performance bulk thermoelectrics[J]. Nature, 2011, 473(7345): 66-69.

[31] Zhang Q, Yang S, Zhang Q, et al. Effect of aluminum on the thermoelectric properties of nanostructured PbTe[J]. Nanotechnology, 2013, 24(34): 345705.

[32] Sassi S, Candolfi C, Vaney J B, et al. Assessment of the thermoelectric performance of polycrystalline p-type SnSe[J]. Appl Phys Lett, 2014, 104(21): 212105.

[33] Zhao L D, Lo S H, Zhang Y, et al. Ultralow thermal conductivity and high thermoelectric figure of merit in SnSe crystals[J]. Nature, 2014, 508(7496): 373-377.

[34] Yamini S A, Wang H, Ginting D, et al. Thermoelectric performance of n-type $(PbTe)_{0.75}(PbS)_{0.15}(PbSe)_{0.1}$ composites[J]. ACS Appl Mater Inter, 2014, 6(14): 11476-11483.

[35] Guo R Q, Wang X J, Kuang Y D, et al. First-principles study of anisotropic thermoelectric transport properties of IV-VI semiconductor compounds SnSe and SnS[J]. Phys Rev B, 2015, 92(11): 115202.

[36] Lu Z W, Li J Q, Wang C Y, et al. Effects of Mn substitution on the phases and thermoelectric properties of $Ge_{0.8}Pb_{0.2}Te$ alloy[J]. J Alloy Compd, 2015, 621: 345-350.

[37] Kroto H W, Heath J R, O'Brien S C, et al. C60: buckminsterfullerene[J]. Nature, 1985, 318(6042): 162-163.

[38] Iijima S. Helical microtubules of graphitic carbon[J]. Nature, 1991, 354(6348): 56-58.

[39] Novoselov K S, Geim A K, Morozov S V, et al. Electric field effect in atomically thin carbon films[J]. Science, 2004, 306(5696): 666-669.

[40] Baughman R H, Eckhardt H, Kertesz M. Structure-property predictions for new planar forms of carbon: layered phases containing sp^2 and sp atoms[J]. J Chem Phys, 1987, 87: 6687-6699.

[41] Li G, Li Y, Liu H, et al. Architecture of graphdiyne nanoscale films[J]. Chem Commun, 2010, 46(19): 3256-3258.

[42] Hirsch A. The era of carbon allotropes[J]. Nat Mater, 2010, 9(11): 868-871.

[43] Dresselhaus M S, Dresselhaus G, Charlier J C, et al. Electronic, thermal and mechanical properties of carbon nanotubes[J]. Philos T R Soc A, 2004, 362(1823): 2065-2098.

[44] Miyake T, Saito S. Quasiparticle band structure of carbon nanotubes[J]. Phys Rev B, 2003, 68(15): 155424.

[45] Kato K, Saito S. Geometries, electronic structures and energetics of small-diameter single-walled carbon nanotubes[J]. Physica E, 2011, 43(3): 669-672.

[46] Matsuda Y, Tahir-Kheli J, Goddard W A. Definitive band gaps for single-wall carbon nanotubes[J]. J Phys Chem Lett, 2010, 1(19): 2946-2950.

[47] Marconnet A M, Panzer M A, Goodson K E. Thermal conduction phenomena in carbon nanotubes and related nanostructured materials[J]. Rev Mod Phys, 2013, 85(3): 1295-1326.

[48] Kim P, Shi L, Majumdar A, et al. Thermal transport measurements of individual multiwalled nanotubes[J]. Phys

Rev Lett, 2001, 8721(21): 215502.

[49] Yu C H, Shi L, Yao Z, et al. Thermal conductance and thermopower of an individual single-wall carbon nanotube[J]. Nano Lett, 2005, 5(9): 1842-1846.

[50] Pettes M T, Shi L. Thermal and structural characterizations of individual single-, double-, and multi-walled carbon nanotubes[J]. Adv Funct Mater, 2009, 19(24): 3918-3925.

[51] Fujii M, Zhang X, Xie H Q, et al. Measuring the thermal conductivity of a single carbon nanotube[J]. Phys Rev Lett, 2005, 95(6): 065502.

[52] Choi T Y, Poulikakos D, Tharian J, et al. Measurement of thermal conductivity of individual multiwalled carbon nanotubes by the 3-omega method[J]. Appl Phys Lett, 2005, 87(1): 013108.

[53] Choi T Y, Poulikakos D, Tharian J, et al. Measurement of the thermal conductivity of individual carbon nanotubes by the four-point three-omega method[J]. Nano Lett, 2006, 6(8): 1589-1593.

[54] Wang Z L, Tang D W, Li X B, et al. Length-dependent thermal conductivity of an individual single-wall carbon nanotube[J]. Appl Phys Lett, 2007, 91(12): 123119.

[55] Wang Z L, Tang D W, Zheng X H, et al. Length-dependent thermal conductivity of single-wall carbon nanotubes: prediction and measurements[J]. Nanotechnology, 2007, 18(47): 475714.

[56] Li Q W, Liu C H, Wang X S, et al. Measuring the thermal conductivity of individual carbon nanotubes by the Raman shift method[J]. Nanotechnology, 2009, 20(14): 145702.

[57] Pop E, Mann D, Wang Q, et al. Thermal conductance of an individual single-wall carbon nanotube above room temperature[J]. Nano Lett, 2006, 6(1): 96-100.

[58] Bushmaker A W, Deshpande V V, Bockrath M W, et al. Direct observation of mode selective electron-phonon coupling in suspended carbon nanotubes[J]. Nano Lett, 2007, 7(12): 3618-3622.

[59] Hone J, Whitney M, Piskoti C, et al. Thermal conductivity of single-walled carbon nanotubes[J]. Phys Rev B, 1999, 59(4): R2514-R2516.

[60] Kim P, Shi L, Majumdar A, et al. Mesoscopic thermal transport and energy dissipation in carbon nanotubes[J]. Physica B, 2002, 323(1-4): 67-70.

[61] Xiao Y, Yan X H, Cao J X, et al. Three-phonon Umklapp process in zigzag single-walled carbon nanotubes[J]. J Phys Condens Matter, 2003, 15(23): L341-L347.

[62] Berber S, Kwon Y K, Tomanek D. Unusually high thermal conductivity of carbon nanotubes[J]. Phys Rev Lett, 2000, 84(20): 4613-4616.

[63] Tersoff J. New empirical approach for the structure and energy of covalent systems[J]. Phys Rev B, 1988, 37(12): 6991-7000.

[64] Che J W, Cagin T, Goddard W A. Thermal conductivity of carbon nanotubes[J]. Nanotechnology, 2000, 11(2): 65-69.

[65] Brenner D W. Empirical potential for hydrocarbons for use in simulating the chemical vapor deposition of diamond films[J]. Phys Rev B, 1990, 42(15): 9458-9471.

[66] Osman M A, Srivastava D. Temperature dependence of the thermal conductivity of single-wall carbon nanotubes[J]. Nanotechnology, 2001, 12(1): 21-24.

[67] Maruyama S. A molecular dynamics simulation of heat conduction in finite length SWNTs[J]. Physica B, 2002, 323(1-4): 193-195.

[68] Zhang W, Zhu Z Y, Wang F, et al. Chirality dependence of the thermal conductivity of carbon nanotubes[J]. Nanotechnology, 2004, 15(8): 936-939.

[69] Shiomi J, Maruyama S. Molecular dynamics of diffusive-ballistic heat conduction in single-walled carbon nanotubes[J]. Jpn J Appl Phys, 2014, 47(4): 33-42.

[70] Zhang G, Li B W. Thermal conductivity of nanotubes revisited: effects of chirality, isotope impurity, tube length, and temperature[J]. J Chem Phys, 2005, 123(11): 114714.

[71] Lukes J R, Zhong H L. Thermal conductivity of individual single-wall carbon nanotubes[J]. J Heat Transfer, 2007, 129(6): 705-716.

[72] Shang L W, Ming L, Wang W. Diameter-dependant thermal conductance models of carbon nanotube[J]Ieee Conference on Nanotechnology, 2007, (1-3): 206-210.

[73] Savin A V, Kivshar Y S, Hu B. Effect of substrate on thermal conductivity of single-walled carbon nanotubes[J]. Europhys Lett, 2009, 88(2): 26004.

[74] Shelly R A, Toprak K, Bayazitoglu Y. Nose-Hoover thermostat length effect on thermal conductivity of single wall carbon nanotubes[J]. Int J Heat Mass Transfer, 2010, 53(25-26): 5884-5887.

[75] Cao J X, Yan X H, Xiao Y, et al. Thermal conductivity of zigzag single-walled carbon nanotubes: role of the umklapp process[J]. Phys Rev B, 2004, 69(7): 073407.

[76] Gu Y F, Chen Y F. Thermal conductivities of single-walled carbon nanotubes calculated from the complete phonon dispersion relations[J]. Phys Rev B, 2007, 76(13): 134110.

[77] Mingo N, Broido D A. Length dependence of carbon nanotube thermal conductivity and the "problem of long waves"[J]. Nano Lett, 2005, 5(7): 1221-1225.

[78] Lindsay L, Broido D A, Mingo N. Diameter dependence of carbon nanotube thermal conductivity and extension to the graphene limit[J]. Phys Rev B, 2010, 82(16): 161402(R).

[79] Lindsay L, Broido D A, Mingo N. Lattice thermal conductivity of single-walled carbon nanotubes: beyond the relaxation time approximation and phonon-phonon scattering selection rules[J]. Phys Rev B, 2009, 80(12): 125407.

[80] Yamamoto T, Watanabe S, Watanabe K. Low-temperature then-nal conductance of carbon nanotubes[J]. Thin Solid Films, 2004, 464(65): 350-353.

[81] Yamamoto T, Watanabe S, Watanabe K. Universal features of quantized thermal conductance of carbon nanotubes[J]. Phys Rev Lett, 2004, 92(7): 075502.

[82] Mingo N, Broido D A. Carbon nanotube ballistic thermal conductance and its limits[J]. Phys Rev Lett, 2005, 95(9): 096105.

[83] Yamamoto T, Watanabe K. Nonequilibrium Green's function approach to phonon transport in defective carbon nanotubes[J]. Phys Rev Lett, 2006, 96(25): 255503.

[84] Wang J, Wang J S. Carbon nanotube thermal transport: ballistic to diffusive[J]. Appl Phys Lett, 2006, 88(11): 111909.

[85] Yamamoto T, Konabe S, Shiomi J, et al. Crossover from ballistic to diffusive thermal transport in carbon nanotubes[J]. Appl Phys Express, 2009, 2(9): 095003.

[86] Mingo N, Stewart D A, Broido D A, et al. Phonon transmission through defects in carbon nanotubes from first principles[J]. Phys Rev B, 2008, 77(3): 033418.

[87] Small J P, Perez K M, Kim P. Modulation of thermoelectric power of individual carbon nanotubes[J]. Phys Rev Lett, 2003, 91(25): 256801.

[88] Small J P, Shi L, Kim P. Mesoscopic thermal and thermoelectric measurements of individual carbon nanotubes[J]. Solid State Commun, 2003, 127(2): 181-186.

[89] Mott N F. Observation of anderson localization in an electron gas[J]. Phys Rev, 1969, 138(3): 1336-1340.

[90] Jiang J W, Wang J S, Li B W. A nonequilibrium Green's function study of thermoelectric properties in single-walled carbon nanotubes[J]. J Appl Phys, 2011, 109(1): 014326.

[91] Tan X J, Liu H J, Wen Y W, et al. Thermoelectric properties of ultrasmall single-wall carbon nanotubes[J]. J Phys Chem C, 2011, 115(44): 21996-22001.

[92] Tan X J, Liu H J, Wen Y W, et al. Optimizing the thermoelectric performance of zigzag and chiral carbon nanotubes[J]. Nanoscale Res Lett, 2012, 7: 116.

[93] Jiang J W, Wang J S. Joule heating and thermoelectric properties in short single-walled carbon nanotubes: electron-phonon interaction effect[J]. J Appl Phys, 2011, 110(12): 124319.

[94] Serbyn M, Abanin D A. New Dirac points and multiple Landau level crossings in biased trilayer graphene[J]. Phys Rev B, 2013, 87(11): 115422.

[95] Jin H, Im J, Song J H, et al. Multiple Dirac fermions from a topological insulator and graphene superlattice[J]. Phys Rev B, 2012, 85(4): 045307.

[96] Tan L Z, Park C H, Louie S G. New Dirac fermions in periodically modulated bilayer graphene[J]. Nano Lett, 2011, 11(7): 2596-2600.

[97] Park C H, Yang L, Son Y W, et al. Anisotropic behaviours of massless Dirac fermions in graphene under periodic potentials[J]. Nat Phys, 2008, 4(3): 213-217.

[98] Park C H, Yang L, Son Y W, et al. New generation of massless Dirac fermions in graphene under external periodic potentials[J]. Phys Rev Lett, 2008, 101(12): 126804.

[99] Novoselov K S, Geim A K, Morozov S V, et al. Two-dimensional gas of massless Dirac fermions in graphene[J]. Nature, 2005, 438(7065): 197-200.

[100] Zhang Y B, Tan Y W, Stormer H L, et al. Experimental observation of the quantum Hall effect and Berry's phase in graphene[J]. Nature, 2005, 438(7065): 201-204.

[101] Dean C R, Young A F, Cadden-Zimansky P, et al. Multicomponent fractional quantum Hall effect in graphene[J]. Nat Phys, 2011, 7(9): 693-696.

[102] Herbut I F, Juričić V, Vafek O. Coulomb interaction, ripples, and the minimal conductivity of graphene[J]. Phys Rev Lett, 2008, 100(4): 046403.

[103] Cho C, Fuhrer M S. Charge transport and inhomogeneity near the minimum conductivity point in graphene[J]. Phys Rev B, 2008, 75(23): 081402(R).

[104] Ziegler K. Minimal conductivity of graphene: nonuniversal values from the Kubo formula[J]. Phys Rev B, 2007, 75(23): 233407.

[105] Katsnelson M I. Zitterbewegung, chirality, and minimal conductivity in graphene[J]. Eur Phys J B, 2006, 51(2): 157-160.

[106] Das Sarma S, Adam S, Hwang E H, et al. Electronic transport in two-dimensional graphene[J]. Rev Mod Phys, 2011, 83(2): 407-470.

[107] Castro Neto A H, Guinea F, Peres N M R, et al. The electronic properties of graphene[J]. Rev Mod Phys, 2009, 81(1): 109-162.

[108] Schwierz F. Graphene transistors[J]. Nat Nanotechnol, 2010, 5(7): 487-496.

[109] Jiao L, Zhang L, Wang X, et al. Narrow graphene nanoribbons from carbon nanotubes[J]. Nature, 2009, 458(7240): 877-880.

[110] Kosynkin D V, Higginbotham A L, Sinitskii A, et al. Longitudinal unzipping of carbon nanotubes to form graphene nanoribbons[J]. Nature, 2009, 458(7240): 872-876.

[111] Son Y W, Cohen M L, Louie S G. Energy gaps in graphene nanoribbons[J]. Phys Rev Lett, 2006, 97(21): 216803.

[112] Yang L, Park C H, Son Y W, et al. Quasiparticle energies and band gaps in graphene nanoribbons[J]. Phys Rev Lett, 2007, 99(18): 186801.

[113] Han M Y, Ozyilmaz B, Zhang Y B, et al. Energy band-gap engineering of graphene nanoribbons[J]. Phys Rev Lett, 2007, 98(20): 206805.

[114] Zhou S Y, Gweon G H, Fedorov A V, et al. Substrate-induced bandgap opening in epitaxial graphene[J]. Nat Mater, 2007, 6(11): 916-916.

[115] Dean C R, Yang A F, Meric I, et al. Boron nitride substrates for high-quality graphene electronics[J]. Nat Nanotechnol, 2010, 5(10): 722-726.

[116] Giovannetti G, Khomyakov P A, Brocks G, et al. Substrate-induced band gap in graphene on hexagonal boron nitride: Ab initio density functional calculations[J]. Phys Rev B, 2007, 76(7): 073103.

[117] Slawinska J, Zasada I, Klusek Z. Energy gap tuning in graphene on hexagonal boron nitride bilayer system[J]. Phys Rev B, 2010, 81(15): 155433.

[118] Kharche N, Nayak S K. Quasiparticle band gap engineering of graphene and graphone on hexagonal boron nitride substrate[J]. Nano Lett, 2011, 11(12): 5274-5278.

[119] Ohta T, Bostwick A, Seyller T, et al. Controlling the electronic structure of bilayer graphene[J]. Science, 2006,

313(5789): 951-954.

[120] Wang F, Zhang Y B, Tang T T, et al. Direct observation of a widely tunable bandgap in bilayer graphene[J]. Nature, 2009, 459(7248): 820-823.

[121] Gao H, Wang L, Zhao J, et al. Band gap tuning of hydrogenated graphene: H coverage and configuration dependence[J]. J Phys Chem C, 2011, 115(8): 3236-3242.

[122] Jeon K J, Lee Z, Pollak E, et al. Fluorographene: a wide bandgap semiconductor with ultraviolet luminescence[J]. ACS Nano, 2011, 5(2): 1042-1046.

[123] Quhe R, Zheng J X, Luo G F, et al. Tunable and sizable band gap of single-layer graphene sandwiched between hexagonal boron nitride[J]. Npg Asia Mater, 2012, 4: e16.

[124] Kaloni T P, Cheng Y C, Schwingenschlogl U. Electronic structure of superlattices of graphene and hexagonal boron nitride[J]. J Mater Chem, 2012, 22(3): 919-922.

[125] Ramasubramaniam A, Naveh D, Towe E. Tunable band gaps in bilayer graphene-BN heterostructures[J]. Nano Lett, 2011, 11(3): 1070-1075.

[126] Fiori G, Betti A, Bruzzone S, et al. Lateral graphene-hBCN heterostructures as a platform for fully two-dimensional transistors[J]. Acs Nano, 2012, 6(3): 2642-2648.

[127] Balandin A A. Thermal Properties of Graphene and Nanostructured Carbon Materials[J]. Nat Mater. 2011, 10: 569-581.

[128] Cai W, Moore A L, Zhu Y, et al. Thermal transport in suspended and supported monolayer graphene grown by chemical vapor deposition[J]. Nano Lett, 2010, 10(5): 1645-1651.

[129] Wang Z Q, Xie R G, Bui C T, et al. Thermal Transport in Suspended and Supported Few-Layer Graphene[J]. Nano Lett, 2010, 11: 113-118.

[130] Jang W, Chen Z, Bao W, et al. Thickness-dependent thermal conductivity of encased graphene and ultrathin graphite[J]. Nano Lett, 2010, 10(10): 3909-3913.

[131] Seol J H, Jo I, Moore A L, et al. Two-dimensional phonon transport in supported graphene[J]. Science, 2010, 328(5975): 213-216.

[132] Ghosh S, Bao W Z, Nika D L, et al. Dimensional crossover of thermal transport in few-layer graphene[J]. Nat Mater, 2010, 9(7): 555-558.

[133] Bae M H, Li Z Y, Aksamija Z, et al. Ballistic to diffusive crossover of heat flow in graphene ribbons[J]. Nature Commun, 2013, 4: 1734.

[134] Chen S S, Wu Q Z, Mishra C, et al. Thermal conductivity of isotopically modified graphene[J]. Nat Mater, 2012, 11(3): 203-207.

[135] Balandin A A, Ghosh S, Bao W Z, et al. Superior thermal conductivity of single-layer graphene[J]. Nano Lett, 2008, 8(3): 902-907.

[136] Ghosh S, Calizo I, Teweldebrhan D, et al. Extremely high thermal conductivity of graphene: prospects for thermal management applications in nanoelectronic circuits[J]. Appl Phys Lett, 2008, 92(15): 151911.

[137] Ghosh S, Nika D L, Pokatilov E P, et al. Heat conduction in graphene: experimental study and theoretical interpretation[J]. New J Phys, 2009, 11: 095012.

[138] Faugeras C, Faugeras B, Orlita M, et al. Thermal conductivity of graphene in corbino membrane geometry[J]. Acs Nano, 2010, 4(4): 1889-1892.

[139] Chen S, Moore A L, Cai W, et al. Raman measurements of thermal transport in suspended monolayer graphene of variable sizes in vacuum and gaseous environments[J]. Acs Nano, 2011, 5(1): 321-328.

[140] Lee J U, Yoon D, Kim H, et al. Thermal conductivity of suspended pristine graphene measured by Raman spectroscopy[J]. Phys Rev B, 2011, 83(8): 081419(R).

[141] Pettes M T, Jo I, Yao Z, et al. Influence of polymeric residue on the thermal conductivity of suspended bilayer graphene[J]. Nano Lett, 2011, 11(3): 1195-1200.

[142] Murali R, Yang Y, Brenner K, et al. Breakdown current density of graphene nanoribbons[J]. Appl Phys Lett, 2009, 94(24): 243114.

[143] Liao A D, Wu J Z, Wang X, et al. Thermally limited current carrying ability of graphene nanoribbons[J]. Phys Rev Lett, 2011, 106(25): 256801.

[144] Dorgan V E, Behnam A, Conley H J, et al. High-field electrical and thermal transport in suspended graphene[J]. Nano Lett, 2013, 13(10): 4581-4586.

[145] Pumarol M E, Rosamond M C, Tovee P, et al. Direct nanoscale imaging of ballistic and diffusive thermal transport in graphene nanostructures[J]. Nano Lett, 2012, 12(6): 2906-2911.

[146] Saito K, Nakamura J, Natori A. Ballistic thermal conductance of a graphene sheet[J]. Phys Rev B, 2007, 76(11): 115409.

[147] Munoz E, Lu J X, Yakobson B I. Ballistic thermal conductance of graphene ribbons[J]. Nano Lett, 2010, 10(5): 1652-1656.

[148] Jiang J W, Wang J S, Li B W. Thermal conductance of graphene and dimerite[J]. Phys Rev B, 2009, 79(20): 205418.

[149] Nika D L, Pokatilov E P, Askerov A S, et al. Phonon thermal conduction in graphene: role of Umklapp and edge roughness scattering[J]. Phys Rev B, 2009, 79(15): 155413.

[150] Yamamoto T, Watanabe K, Mii K. Empirical-potential study of phonon transport in graphitic ribbons[J]. Phys Rev B, 2004, 70(24): 245402.

[151] Wang J, Wang X M, Chen Y F, et al. Dimensional crossover of thermal conductance in graphene nanoribbons: a first-principles approach[J]. J Phys Condens Matter, 2012, 24(29): 295403.

[152] Zhong W R, Zhang M P, Ai B Q, et al. Chirality and thickness-dependent thermal conductivity of few-layer graphene: a molecular dynamics study[J]. Appl Phys Lett, 2011, 98(11): 113107.

[153] Nika D L, Askerov A S, Balandin A A. Anomalous size dependence of the thermal conductivity of graphene ribbons[J]. Nano Lett, 2012, 12(6): 3238-3244.

[154] Kong B D, Paul S, Nardelli M B, et al. First-principles analysis of lattice thermal conductivity in monolayer and

bilayer graphene[J]. Phys Rev B, 2009, 80(3): 033406.

[155] Pereira L F C, Donadio D. Divergence of the thermal conductivity in uniaxially strained graphene[J]. Phys Rev B, 2013, 87: 125424.

[156] Cao A. Molecular dynamics simulation study on heat transport in monolayer graphene sheet with various geometries[J]. J Appl Phys, 2012, 111(8): 083528.

[157] Lepri S, Livi R, Politi A. Thermal conduction in classical low-dimensional lattices[J]. Phys Rep, 2003, 377(1): 1-80.

[158] Basile G, Bernardin C, Olla S. Momentum conserving model with anomalous thermal conductivity in low dimensional systems[J]. Phys Rev Lett, 2006, 96(20): 204303.

[159] Wang L, Hu B, Li B. Logarithmic divergent thermal conductivity in two-dimensional nonlinear lattices[J]. Phys Rev E, 2012, 86(4): 040101.

[160] Guo Z, Zhang D, Gong X G. Thermal conductivity of graphene nanoribbons[J]. Appl Phys Lett, 2009, 95(16): 163103.

[161] Shiomi J, Maruyama S. Diffusive-ballistic heat conduction of carbon nanotubes and nanographene ribbons[J]. Int J Thermophys, 2010, 31(10): 1945-1951.

[162] Nika D L, Ghosh S, Pokatilov E P, et al. Lattice thermal conductivity of graphene flakes: comparison with bulk graphite[J]. Appl Phys Lett, 2009, 94(20): 203103.

[163] Lindsay L, Broido D A, Mingo N. Flexural phonons and thermal transport in graphene[J]. Phys Rev B, 2010, 82(11): 115427.

[164] Tan Z W, Wang J S, Gan C K. First-principles study of heat transport properties of graphene nanoribbons[J]. Nano Lett, 2011, 11(1): 214-219.

[165] Lan J H, Wang J S, Gan C K, et al. Edge effects on quantum thermal transport in graphene nanoribbons: tight-binding calculations[J]. Phys Rev B, 2009, 79(11): 115401.

[166] Xu Y, Chen X, Gu B L, et al. Intrinsic anisotropy of thermal conductance in graphene nanoribbons[J]. Appl Phys Lett, 2009, 95(23): 233116.

[167] Aksamija Z, Knezevic I. Thermal transport in graphene nanoribbons supported on SiO_2[J]. Phys Rev B, 2012, 86(16): 165426.

[168] Wang Z, Mingo N. Absence of Casimir regime in two-dimensional nanoribbon phonon conduction[J]. Appl Phys Lett, 2011, 99(10): 101903.

[169] Wang Y, Qiu B, Ruan X. Edge effect on thermal transport in graphene nanoribbons: a phonon localization mechanism beyond edge roughness scattering[J]. Appl Phys Lett, 2012, 101(1): 013101.

[170] Evans W J, Hu L, Keblinski P. Thermal conductivity of graphene ribbons from equilibrium molecular dynamics: effect of ribbon width, edge roughness, and hydrogen termination[J]. Appl Phys Lett, 2010, 96(20): 203112.

[171] Lindsay L, Broido D A, Mingo N. Flexural phonons and thermal transport in multilayer graphene and graphite[J]. Phys Rev B, 2011, 83(23): 235428.

[172] Singh D, Murthy J Y, Fisher T S. Mechanism of thermal conductivity reduction in few-layer graphene[J]. J Appl Phys, 2011, 110(4): 044317.

[173] Guo Z X, Ding J W, Gong X G. Substrate effects on the thermal conductivity of epitaxial graphene nanoribbons[J]. Phys Rev B, 2012, 85(23): 235429.

[174] Wang X M, Huang T L, Lu S S. High performance of the thermal transport in graphene supported on hexagonal boron nitride[J]. Appl Phys Express, 2013, 6(7): 075202.

[175] Chen L, Kumar S. Thermal transport in graphene supported on copper[J]. J Appl Phys, 2012, 112(4): 043502.

[176] Chen J, Zhang G, Li B W. Substrate coupling suppresses size dependence of thermal conductivity in supported graphene[J]. Nanoscale, 2013, 5(2): 532-536.

[177] Ong Z Y, Pop E. Effect of substrate modes on thermal transport in supported graphene[J]. Phys Rev B, 2011, 84(7): 075471.

[178] Menges F, Riel H, Stemmer A, et al. Thermal transport into graphene through nanoscopic contacts[J]. Phys Rev Lett, 2013, 111(20): 205901.

[179] Klemens P G, Pedraza D F. Thermal conductivity of graphite in the basal plane[J]. Carbon, 1994, 32(4): 735-741.

[180] Aksamija Z, Knezevic I. Lattice thermal conductivity of graphene nanoribbons: anisotropy and edge roughness scattering[J]. Appl Phys Lett, 2011, 98(14): 141919.

[181] Zhang H, Lee G, Cho K. Thermal transport in graphene and effects of vacancy defects[J]. Phys Rev B, 2011, 84(11): 115460.

[182] Hu J N, Ruan X L, Chen Y P. Thermal conductivity and thermal rectification in graphene nanoribbons: a molecular dynamics study[J]. Nano Lett, 2009, 9(7): 2730-2735.

[183] Chen K Q, Xie Z X, Duan W H. Thermal transport by phonons in zigzag graphene nanoribbons with structural defects[J]. J Phys Condens Matter, 2011, 23(31): 315302.

[184] Hao F, Fang D, Xu Z. Mechanical and thermal transport properties of graphene with defects[J]. Appl Phys Lett, 2011, 99(4): 041901.

[185] Jiang J W, Wang B S, Wang J S. First principle study of the thermal conductance in graphene nanoribbon with vacancy and substitutional silicon defects[J]. Appl Phys Lett, 2011, 98(11): 113114.

[186] Morooka M, Yamamoto T, Watanabe K. Defect-induced circulating thermal current in graphene with nanosized width[J]. Phys Rev B, 2008, 77(3): 033412.

[187] Savin A V, Kivshar Y S, Hu B. Suppression of thermal conductivity in graphene nanoribbons with rough edges[J]. Phys Rev B, 2010, 82(19): 195422.

[188] Hu J, Wang Y, Vallabhaneni A, et al. Nonlinear thermal transport and negative differential thermal conductance in graphene nanoribbons[J]. Appl Phys Lett, 2011, 99(11): 113101.

[189] Checkelsky J G, Ong N P. Thermopower and Nernst effect in graphene in a magnetic field[J]. Phys Rev B, 2009, 80(8): 081413.

[190] Zuev Y M, Chang W, Kim P. Thermoelectric and magnetothermoelectric transport measurements of graphene[J].

Phys Rev Lett, 2009, 102(9): 096807.

[191] Ouyang Y J, Guo J. A theoretical study on thermoelectric properties of graphene nanoribbons[J]. Appl Phys Lett, 2009, 94(26): 263107.

[192] Ni X X, Liang G C, Wang J S, et al. Disorder enhances thermoelectric figure of merit in armchair graphane nanoribbons[J]. Appl Phys Lett, 2009, 95(19): 192114.

[193] Sevincli H, Cuniberti G. Enhanced thermoelectric figure of merit in edge-disordered zigzag graphene nanoribbons[J]. Phys Rev B, 2010, 81(11): 113401.

[194] Mazzamuto F, Nguyen V H, Apertet Y, et al. Enhanced thermoelectric properties in graphene nanoribbons by resonant tunneling of electrons[J]. Phys Rev B, 2011, 83(23): 235426.

[195] Zhao W, Guo Z X, Cao J X, et al. Enhanced thermoelectric properties of armchair graphene nanoribbons with defects and magnetic field[J]. Aip Advances, 2011, 1(4): 042135.

[196] Karamitaheri H, Neophytou N, Pourfath M, et al. Engineering enhanced thermoelectric properties in zigzag graphene nanoribbons[J]. J Appl Phys, 2012, 111(5): 054501.

[197] Pan C N, Xie Z X, Tang L M, et al. Ballistic thermoelectric properties in graphene-nanoribbon-based heterojunctions[J]. Appl Phys Lett, 2012, 101(10): 103115.

[198] Xie Z X, Tang L M, Pan C N, et al. Enhancement of thermoelectric properties in graphene nanoribbons modulated with stub structures[J]. Appl Phys Lett, 2012, 100(7): 073105.

[199] Yang K K, Chen Y P, D'Agosta R, et al. Enhanced thermoelectric properties in hybrid graphene/boron nitride nanoribbons[J]. Phys Rev B, 2012, 86(4): 045425.

[200] Zheng H, Liu H J, Tan X J, et al. Enhanced thermoelectric performance of graphene nanoribbons[J]. Appl Phys Lett, 2012, 100(9): 093104.

[201] Sevincli H, Sevik C, Cain T, et al. A bottom-up route to enhance thermoelectric figures of merit in graphene nanoribbons[J]. Sci Rep, 2013, 3: 1228.

[202] Ouyang T, Xiao H, Xie Y, et al. Thermoelectric properties of gamma-graphyne nanoribbons and nanojunctions[J]. J Appl Phys, 2013, 114(7): 073710.

[203] Narita N, Nagai S, Suzuki S, et al. Optimized geometries and electronic structures of graphyne and its family[J]. Phys Rev B, 1998, 58(16): 11009-11014.

[204] Zhou J, Lv K, Wang Q, et al. Electronic structures and bonding of graphyne sheet and its BN analog[J]. J Chem Phys, 2011, 134(17): 174701.

[205] Kim B G, Choi H J. Graphyne: hexagonal network of carbon with versatile Dirac cones[J]. Phys Rev B, 2012, 86(11): 115435.

[206] Wang X M, Mo D C, Lu S S. On the thermoelectric transport properties of graphyne by the first-principles method[J]. J Chem Phys, 2013, 138(20): 204704.

[207] Malko D, Neiss C, Viñes F, et al. Competition for Graphene: graphynes with direction-dependent Dirac cones[J]. Phys Rev Lett, 2012, 108(8): 086804.

[208] Chen J, Xi J, Wang D, et al. Carrier mobility in graphyne should be even larger than that in graphene: a theoretical prediction[J]. J Phys Chem Lett, 2013, 4(9): 1443-1448.

[209] Long M Q, Tang L, Wang D, et al. Electronic structure and carrier mobility in graphdiyne sheet and nanoribbons: theoretical predictions[J]. Acs Nano, 2011, 5(4): 2593-2600.

[210] Luo G F, Qian X M, Liu H B, et al. Quasiparticle energies and excitonic effects of the two-dimensional carbon allotrope graphdiyne: theory and experiment[J]. Phys Rev B, 2011, 84(7): 075439.

[211] Pan L D, Zhang L Z, Song B Q, et al. Graphyne- and graphdiyne-based nanoribbons: density functional theory calculations of electronic structures[J]. Appl Phys Lett, 2011, 98(17): 173102.

[212] Ouyang T, Chen Y P, Liu L M, et al. Thermal transport in graphyne nanoribbons[J]. Phys Rev B, 2012, 85(23): 235436.

[213] Zhang Y Y, Pei Q X, Wang C M. A molecular dynamics investigation on thermal conductivity of graphynes[J]. Comput Mater Sci, 2012, 65: 406-410.

[214] Coluci V R, Braga S F, Legoas S B, et al. Families of carbon nanotubes: graphyne-based nanotubes[J]. Phys Rev B, 2003, 68(3): 035430.

[215] Coluci V R, Braga S F, Legoas S B, et al. New families of carbon nanotubes based on graphyne motifs[J]. Nanotechnology, 2004, 15(4): S142-S149.

[216] Coluci V R, Galvao D S, Baughman R H. Theoretical investigation of electromechanical effects for graphyne carbon nanotubes[J]. J Chem Phys, 2004, 121(7): 3228-3237.

[217] Li G X, Li Y L, Qian X M, et al. Construction of tubular molecule aggregations of graphdiyne for highly efficient field emission[J]. J Phys Chem C, 2011, 115(6): 2611-2615.

[218] Ivanovskii A L. Graphynes and graphdiyines[J]. Prog Solid State Chem, 2013, 41: 1-19.

[219] Huang X, Zeng Z, Zhang H. Metal dichalcogenide nanosheets: preparation, properties and applications[J]. Chem Soc Rev, 2013, 42(5): 1934-1946.

[220] Chhowalla M, Shin H S, Eda G, et al. The chemistry of two-dimensional layered transition metal dichalcogenide nanosheets[J]. Nat Chem, 2013, 5(4): 263-275.

[221] Wang Z, Su Q, Yin G Q, et al. Structure and electronic properties of transition metal dichalcogenide MX_2 (M = Mo, W, Nb; X = S, Se) monolayers with grain boundaries[J]. Mater Chem Phys, 2014, 147(3): 1068-1073.

[222] Zhang Y, Zheng B, Zhu C F, et al. Single-layer transition metal dichalcogenide nanosheet-based nanosensors for rapid, sensitive, and multiplexed detection of DNA[J]. Adv Mater, 2015, 27(5): 935-939.

[223] Ma J, Li W, Luo X. Ballistic thermal transport in monolayer transition-metal dichalcogenides: role of atomic mass[J]. Appl Phys Lett, 2016, 108(8): 082102.

[224] Lu J, Carvalho A, Chan X K, et al. Atomic healing of defects in transition metal dichalcogenides[J]. Nano Lett, 2015, 15(5): 3524-3532.

[225] Wang Q H, Kalantar-Zadeh K, Kis A, et al. Electronics and optoelectronics of two-dimensional transition metal dichalcogenides[J]. Nat Nanotechnol, 2012, 7(11): 699-712.

[226] Podzorov V, Gershenson M E, Kloc C, et al. High-mobility field-effect transistors based on transition metal dichalcogenides[J]. Appl Phys Lett, 2004, 84(17): 3301-3303.

[227] Nourbakhsh A, Zubair A, Dresselhaus M S, et al. Transport properties of a MoS_2/WSe_2 heterojunction transistor and its potential for application[J]. Nano Lett, 2016, 16(2): 1359-1366.

[228] Huang J, Wang W, Fu Q, et al. Stable electrical performance observed in large-scale monolayer $WSe_{2(1-x)}S_{2x}$ with tunable band gap[J]. Nanotechnology, 2016, 27(13): 13LT01.

[229] Tang H, Wang J, Yin H, et al. Growth of polypyrrole ultrathin films on MoS_2 monolayers as high-performance supercapacitor electrodes[J]. Adv Mater, 2015, 27(6): 1117-1123.

[230] Liu H, Su D W, Zhou R F, et al. Highly ordered mesoporous MoS_2 with expanded spacing of the (002) crystal plane for ultrafast lithium ion storage[J]. Adv Energy Mater, 2012, 2(8): 970-975.

[231] Jiang J W. Phonon bandgap engineering of strained monolayer MoS_2[J]. Nanoscale, 2014, 6(14): 8326-8333.

[232] Mak K F, Lee C, Hone J, et al. Atomically thin MoS_2: a new direct-gap semiconductor[J]. Phys Rev Lett, 2010, 105(13): 136805.

[233] Kadantsev E S, Hawrylak P. Electronic structure of a single MoS_2 monolayer[J]. Solid State Commun, 2012, 152(10): 909-913.

[234] Kibsgaard J, Chen Z, Reinecke B N, et al. Engineering the surface structure of MoS_2 to preferentially expose active edge sites for electrocatalysis[J]. Nat Mater, 2012, 11(11): 963-969.

[235] Chang C H, Fan X F, Lin S H, et al. Orbital analysis of electronic structure and phonon dispersion in MoS_2, $MoSe_2$, WS_2, and WSe_2 monolayers under strain[J]. Phys Rev B, 2013, 88(19): 195420.

[236] Conley H J, Wang B, Ziegler J I, et al. Bandgap engineering of strained monolayer and bilayer MoS_2[J]. Nano Lett, 2013, 13(8): 3626-3630.

[237] Radisavljevic B, Radenovic A, Brivio J, et al. Single-layer MoS_2 transistors[J]. Nat Nanotechnol, 2011, 6(3): 147-150.

[238] Huang W, Luo X, Gan C K, et al. Theoretical study of thermoelectric properties of few-layer MoS_2 and WSe_2[J]. Phys Chem Chem Phys, 2014, 16(22): 10866-10874.

[239] Huang W, Da H, Liang G. Thermoelectric performance of MX_2 (M = Mo, W; X = S, Se) monolayers[J]. J Appl Phys, 2013, 113(10): 104304.

[240] Lee C, Hong J, Whangbo M H, Shim J H. Enhancing the thermoelectric properties of layered transition-metal dichalcogenides $2H-MQ_2$(M = Mo, W; Q = S, Se, Te) by layer mixing: density functional investigation[J]. Chem Mater, 2013, 25(18): 3745-3752.

[241] Fan D D, Liu H J, Cheng L, et al. MoS_2 nanoribbons as promising thermoelectric materials[J]. Appl Phys Lett, 2014, 105(13): 133113.

[242] Buscema M, Barkelid M, Zwiller V, et al. Large and tunable photothermoelectric effect in single-layer MoS_2[J]. Nano Lett, 2013, 13(2): 358-363.

[243] Zhang S, Yan Z, Li Y, et al. Atomically thin arsenene and antimonene: semimetal-semiconductor and

indirect-direct band-gap transitions[J]. Angew Chem Int Ed, 2015, 54(10): 3112-3115.

[244] Ares P, Aguilar-Galindo F, Rodriguez-San-Miguel D, et al. Mechanical isolation of highly stable antimonene under ambient conditions[J]. Adv Mater, 2016, 28(30): 6332-6336.

[245] Ji J P, Song X F, Liu J Z, et al. Two-dimensional antimonene single crystals grown by van der Waals epitaxy[J]. Nat Commun, 2016, 7: 13352.

[246] Aktürk O Ü, Özçelik V O, Ciraci S. Single-layer crystalline phases of antimony: antimonenes[J]. Phys Rev B, 2015, 91(23): 235446.

[247] Cao H W, Yu Z Y, Lu P F. Electronic properties of monolayer and bilayer arsenene under in-plain biaxial strains[J]. Superlattices Microstruct, 2015, 86: 501-507.

[248] Wang Y P, Zhang C W, Ji W X, et al. Unexpected band structure and half-metal in non-metal-doped arsenene sheet[J]. Appl Phys Express, 2015, 8(6): 065202.

[249] Zhang S, Hu Y, Hu Z, et al. Hydrogenated arsenenes as planar magnet and Dirac material[J]. Appl Phys Lett, 2015, 107(2): 022102.

[250] Aktürk E, Aktürk O Ü, Ciraci S. Single and bilayer bismuthene: stability at high temperature and mechanical and electronic properties[J]. Phys Rev B, 2016, 94(1): 014115.

[251] Kecik D, Durgun E, Ciraci S. Optical properties of single-layer and bilayer arsenene phases[J]. Phys Rev B, 2016, 94(20): 205410.

[252] Zhao M, Zhang X, Li L. Strain-driven band inversion and topological aspects in Antimonene[J]. Sci Rep, 2015, 5: 16108.

[253] Zeraati M, Allaei S M V, Sarsari I A, et al. Highly anisotropic thermal conductivity of arsenene: anab initiostudy[J]. Phys Rev B, 2016, 93(8): 085424.

[254] Wang S, Wang W, Zhao G. Thermal transport properties of antimonene: an ab initio study[J]. Phys Chem Chem Phys, 2016, 18(45): 31217-31222.

[255] Hall E H. On a new action of the magnet on electric currents[J]. Am J Math, 1879, 2(3): 287.

[256] He K, Wang Y, Xue Q K. Quantum anomalous Hall effect[J]. Natl Sci Rev, 2013, 1(1): 38-48.

[257] Klitzing K V, Dorda G, Pepper M. New method for high-accuracy determination of the fine-structure constant based on quantized Hall resistance[J]. Phys Rev Lett, 1980, 45(6): 494-497.

[258] Kane C L, Mele E J. Physics. A new spin on the insulating state[J]. Science, 2006, 314(5806): 1692-1693.

[259] Shen S Q. The family of topological phases in condensed matter[J]. Natl Sci Rev, 2013, 1(1): 49-59.

[260] Qi X L, Zhang S C. The quantum spin Hall effect and topological insulators[J]. Phys Today, 2010, 63(1): 33-38.

[261] Fu L, Kane C L, Mele E J. Topological insulators in three dimensions[J]. Phys Rev Lett, 2007, 98(10): 106803.

[262] Fu L, Kane C L. Topological insulators with inversion symmetry[J]. Phys Rev B, 2007, 76(4): 045302.

[263] Bernevig B A, Hughes T L, Zhang S C. Quantum spin Hall effect and topological phase transition in HgTe quantum wells[J]. Science, 2006, 314(5806): 1757-1761.

[264] Konig M, Wiedmann S, Brune C, et al. Quantum spin hall insulator state in HgTe quantum wells[J]. Science,

2007, 318(5851): 766-770.

[265] Hsieh D, Xia Y, Qian D, et al. A tunable topological insulator in the spin helical Dirac transport regime[J]. Nature, 2009, 460(7259): 1101-1105.

[266] Brumfiel G. Topological insulators: star material[J]. Nature, 2010, 466(7304): 310-311.

[267] Moore J E. The birth of topological insulators[J]. Nature, 2010, 464(7286): 194-198.

[268] Hasan M Z, Kane C L. Colloquium: topological insulators[J]. Rev Mod Phys, 2010, 82(4): 3045-3067.

[269] Qi X L, Zhang S C. Topological insulators and superconductors[J]. Rev Mod Phys, 2011, 83(4): 1057-1110.

[270] Kaloni T P, Kou L, Frauenheim T, et al. Quantum spin Hall states in graphene interacting with WS_2 or WSe_2[J]. Appl Phys Lett, 2014, 105(23): 233112.

[271] Ma Y, Dai Y, Kou L, et al. Robust two-dimensional topological insulators in methyl-functionalized bismuth, antimony, and lead bilayer films[J]. Nano Lett, 2015, 15(2): 1083-1089.

[272] Liu Q, Zhang X, Abdalla L B, et al. Switching a normal insulator into a topological insulator via electric field with application to phosphorene[J]. Nano Lett, 2015, 15(2): 1222-1228.

[273] Liu J, Qian X, Fu L. Crystal field effect induced topological crystalline insulators in monolayer IV-VI semiconductors[J]. Nano Lett, 2015, 15(4): 2657-2661.

[274] Kou L, Ma Y, Yan B, et al. Encapsulated silicene: a robust large-gap topological insulator[J]. ACS Appl Mater Interfaces, 2015, 7(34): 19226-19233.

[275] Crisostomo C P, Yao L Z, Huang Z Q, et al. Robust large gap two-dimensional topological insulators in hydrogenated III-V buckled honeycombs[J]. Nano Lett, 2015, 15(10): 6568-6574.

[276] Yan B, Liu C X, Zhang H J, et al. Theoretical prediction of topological insulators in thallium-based III-V-VI_2 ternary chalcogenides[J]. Europhys Lett, 2010, 90(3): 37002.

[277] Bihlmayer G, Koroteev Y M, Chulkov E V, et al. Surface- and edge-states in ultrathin Bi–Sb films[J]. New J Phys, 2010, 12(6): 065006.

[278] Zhang W, Yu R, Zhang H J, et al. First-principles studies of the three-dimensional strong topological insulators Bi_2Te_3, Bi_2Se_3 and Sb_2Te_3[J]. New J Phys, 2010, 12(6): 065013.

[279] Yazyev O V, Moore J E, Louie S G. Spin polarization and transport of surface states in the topological insulators Bi_2Se_3 and Bi_2Te_3 from first principles[J]. Phys Rev Lett, 2010, 105(26): 266806.

[280] Sun Y, Chen X Q, Yunoki S, et al. New family of three-dimensional topological insulators with antiperovskite structure[J]. Phys Rev Lett, 2010, 105(21): 216406.

[281] Lin H, Das T, Wray L A, et al. An isolated Dirac cone on the surface of ternary tetradymite-like topological insulators[J]. New J Phys, 2011, 13(9): 095005.

[282] Wang Y J, Lin H, Das T, et al. Topological insulators in the quaternary chalcogenide compounds and ternary famatinite compounds[J]. New J Phys, 2011, 13(8): 085017.

[283] He X, Li H, Chen L, et al. Substitution-induced spin-splitted surface states in topological insulator $(Bi_{1-x}Sb_x)_2Te_3$[J]. Sci Rep, 2015, 5: 8830.

[284] Broido D A, Ward A, Mingo N. Lattice thermal conductivity of silicon from empirical interatomic potentials[J]. Phys Rev B, 2005, 72(1): 014308.

[285] Broido D A, Malorny M, Birner G, et al. Intrinsic lattice thermal conductivity of semiconductors from first principles[J]. Appl Phys Lett, 2007, 91(23): 231922.

[286] Mingo N. Anharmonic phonon flow through molecular-sized junctions[J]. Phys Rev B, 2006, 74(12).

[287] Wang J S, Wang J, Zeng N. Nonequilibrium Green's function approach to mesoscopic thermal transport[J]. Phys Rev B, 2006, 74(3): 033408.

第 2 章 第一性原理计算方法

2.1 密度泛函理论

在实际研究中,很多体系都是多粒子体系,如多电子的原子、分子和固体。由于体系的粒子间存在非常复杂的相互作用,因此计算时必须采用一定的近似。密度泛函理论基于绝热近似和单电子近似,将电子和原子核,以及电子和其他电子分开处理,不仅为将多电子问题转化为单电子问题提供了理论基础,而且已成为研究凝聚态物理的强有力工具[1, 2]。

2.1.1 近似基础

不考虑相对论效应,体系的粒子状态可以由薛定谔方程的解来描述。多粒子的薛定谔方程具有如下的形式

$$H\Psi(r, R) = E\Psi(r, R) \tag{2-1}$$

式中,r 为电子的坐标集合;R 为原子核的坐标集合;H 为体系的哈密顿量;Ψ 为体系波函数;E 为体系能量本征值。对于含 N 个电子和 M 个原子核的多粒子体系而言,原子单位下的哈密顿算符由五个部分组成

$$H = -\frac{1}{2}\sum_{i=1}^{N}\nabla_i^2 - \frac{1}{2}\sum_{A=1}^{M}\frac{1}{M_A}\nabla_A^2 - \sum_{i=1}^{N}\sum_{A=1}^{M}\frac{Z_A}{r_{iA}} + \sum_{i=1}^{N}\sum_{j>i}^{N}\frac{1}{r_{ij}} + \sum_{A=1}^{M}\sum_{B>A}^{M}\frac{Z_A Z_B}{R_{AB}} \tag{2-2}$$

式中,前两项分别为电子和原子核的动能算符,后三项分别描述电子与原子核之间的库仑相互作用、电子与电子之间的静电排斥作用,以及原子核与原子核之间的静电排斥作用。

由式(2-1)可以看出,多电子体系的薛定谔方程中含有的自由度包括所有电子的坐标和原子核的坐标,因此直接求解多电子体系的薛定谔方程是不现实的,在计算中必须进行合理的近似。

由于原子核具有远比电子大的质量,相对电子的运动而言,原子核基本处于不动的位置,可以近似地将这两种运动分离开。玻恩-奥本海默(Born-Oppenheimer)

绝热近似即是将电子的运动和原子核的运动进行了分离。当考虑原子核的运动时，电子对其作用类似势阱；当考虑电子运动时，原子核处于瞬时位置，对电子运动的影响相当于一个微扰势场。由此去掉了哈密顿量的第二项与第五项，写作电子哈密顿算符

$$H = -\frac{1}{2}\sum_{i=1}^{N}\nabla_i^2 - \sum_{i=1}^{N}\sum_{A=1}^{M}\frac{Z_A}{r_{iA}} + \sum_{i=1}^{N}\sum_{j>i}^{N}\frac{1}{r_{ij}} \qquad (2\text{-}3)$$

当考虑电子运动时，原子核处于固定的位置，因此在多电子的 ψ_n 中，原子核的坐标 ***R*** 只作为一个参数而不是独立的自由度出现。绝热近似下多电子体系的薛定谔方程如下

$$\left[\sum_i H_i + \sum_{i,i'} H_{ii'}\right]\phi = \left[-\sum_i \nabla_{r_i}^2 + \sum_i V(r_i) + \frac{1}{2}\sum_{i,i'}{}'\frac{1}{|r_i - r_{i'}|}\right]\phi = E\phi \qquad (2\text{-}4)$$

式中，$H_{ii'}$ 是电子之间的相互作用项。若忽略该项，多电子体系的薛定谔方程可简化为单电子薛定谔方程的集合，采用哈特里（Hartree）近似后可用单电子波函数解的乘积近似作为多电子薛定谔方程的解。

$$\sum_i H_i \phi = E\phi \qquad (2\text{-}5)$$

$$\phi(r) = \varphi_1(r_1)\varphi_2(r_2)\cdots\varphi_n(r_n) \qquad (2\text{-}6)$$

玻恩-奥本海默近似将多粒子问题转化为多电子问题，而哈特里近似则将电子和其他电子分开处理，进一步把多电子问题转化为单电子问题。

2.1.2 Hohenberg-Kohn 定理

基于上述的近似，P. Hohenberg 和 W. Kohn 提出了关于非均匀电子气的理论，归结为以下两个基本定理，统称 Hohenberg-Kohn 定理（简称 HK 定理）[3]：

（1）对于一个共同的外势场 $V(r)$，体系的电子密度分布 $n(r)$ 是多粒子系统基态物理性质的基本变量，多粒子系统的所有基态物理性质都由电子密度唯一确定。

（2）如果 $n(r)$ 是体系正确的密度分布，则 $E[n(r)]$ 是最低的能量，即体系的基态能量。

在 HK 定理中，多粒子系统的能量是电子数密度 $n(r)$ 的泛函，具体表达式为

$$E(n) = F(n) + \int n(r)V(r)\mathrm{d}r \qquad (2\text{-}7)$$

式中，n 为电子电荷密度函数；r 为电子的空间位置；$V(r)$ 为外势场；$F(n)$ 为与外

势场无关的泛函，表达式如下

$$F(n) = T(n) + \frac{e^2}{2}\int d\boldsymbol{r} d\boldsymbol{r}' \frac{n(\boldsymbol{r})n(\boldsymbol{r}')}{|\boldsymbol{r}-\boldsymbol{r}'|} + E_{\text{xc}}(n) \quad (2\text{-}8)$$

式中前两项是无相互作用粒子模型下的电子的动能项 $T(n)$、电子与电子的库仑排斥能，第三项为电子之间的交换关联能 $E_{\text{xc}}(n)$，包含了所有未包含在无相互作用粒子模型中的相互作用能。这里所谓的无相互作用是指一个电子的存在对其他电子没有影响，而实际上这个影响是存在的。如果在 $\boldsymbol{r}$ 处存在一个电子，那么在 $\boldsymbol{r}'$ 处的电子数密度将发生变化，这表明电子间除了库仑排斥作用，还存在其他的相互作用，这种相互作用包括自旋平行电子间的交换相互作用和自旋反平行电子间的关联相互作用。因此，$E_{\text{xc}}(n)$ 被称为交换关联相互作用能，包含了电子间相互作用的全部复杂性。$E_{\text{xc}}(n)$ 也是电子数密度 $n(\boldsymbol{r})$ 的泛函，可分为交换能 $E_{\text{x}}(n)$ 和关联能 $E_{\text{c}}(n)$ 两部分。

根据 HK 定理，如果能得到能量泛函 $E(n)$，将 $E(n)$ 对电子数密度 n 变分，就可以确定系统的基态和所有基态性质。由式（2-7）、式（2-8）可知，能量泛函 $E(n)$ 的获得需要解决 3 个问题：

（1）如何确定电子数密度 $n(\boldsymbol{r})$；

（2）如何确定动能泛函 $T(n)$；

（3）如何确定交换关联能泛函 $E_{\text{xc}}(n)$。

第一、第二个问题将由下一节的 Kohn-Sham 方程提供解决办法，第三个问题将在 2.1.4 节解决。HK 定理以体系的电子密度分布作为系统所有基态物理性质的基本变量，提供了现行的密度泛函理论的基础。这对多粒子系统基态性质的量子力学问题是巨大的简化，传统的观念依赖于 N 个电子、$3N$ 个独立变量的波函数，而现在只需要知道 3 个独立变量的电荷密度就可以得到系统基态的全部性质。

2.1.3 Kohn-Sham 方程

由于对有相互作用电子系统的动能项难以描述，W. Kohn 和 L. J. Sham 引入了一个假想的无相互作用多电子体系，该体系与具有相互作用的多电子体系有着相同的电子密度。使用已知的无相互作用电子系统的动能泛函 $T[n]$ 来代替有相互作用体系的动能泛函 $T(n)$，这个无相互作用的电子系统与有相互作用电子系统具有相同的密度函数。基态的电子密度和无相互作用的动能泛函可以由 Kohn-Sham 轨道 $\psi_n(\boldsymbol{r})$ 得到，用 N 个单电子波函数 $\psi_n(\boldsymbol{r})$ 构成密度函数

$$n(r) = \sum_{n=1}^{N} |\psi_n(r)|^2 \tag{2-9}$$

则动能泛函为

$$T[n] = -2\frac{\hbar^2}{2m}\sum_{n=1}^{N/2}\int \psi_n^*(r)\frac{\partial^2 \psi_n(r)}{\partial r^2}\mathrm{d}r \tag{2-10}$$

在周期系统中，式（2-10）中求和的指数 n 可以通过两个指标取遍所有的占据态：$n \equiv \{v, k\}$，v 代表不同的价带，k 为第一布里渊区的波矢。将能量泛函 $E(n)$ 对 n 的变分用对 $\psi_i(r)$ 的变分代替，以 E_i 为拉格朗日因子，变分后得到体系的单电子薛定谔方程

$$\left(-\frac{\hbar^2}{2m}\frac{\partial^2}{\partial r^2} + V_{\text{eff}}(r)\right)\psi_n(r) = \epsilon_n \psi_n(r) \tag{2-11}$$

式（2-11）被称为 Kohn-Sham 方程。其中，V_{eff} 为假想的有效势，也称为自洽势，由电子密度决定。

$$V_{\text{eff}}(r) = V(r) + \int \frac{n(r')}{|r-r'|}\mathrm{d}r' + \frac{\delta E_{\text{xc}}}{\delta n(r)} \tag{2-12}$$

对于交换关联能 E_{xc}，其形式将在下一节讨论。至此，本书已经得到了 Kohn-Sham 方程各部分的形式，可以通过自洽的方式求解得到电子数密度，从而获得系统的能量、波函数及各物理量的期望值，如式（2-12）中基态的能量可以由 Kohn-Sham 的本征值等价表示出来

$$E[n] = 2\sum_{n=1}^{N/2}\epsilon_n - \frac{e^2}{2}\int \frac{n(r)n(r')}{|r-r'|}\mathrm{d}r\mathrm{d}r' + E_{\text{xc}}[n] - \int n(r)v_{\text{xc}}n(r)\mathrm{d}r \tag{2-13}$$

自洽场求解 Kohn-Sham 方程的流程如图 2-1 所示。

综上所述，在这个过程中，把多体作用归入到交换-关联势 $E_{\text{xc}}[n(r)]$ 中，无需求解外势场作用下的相互关联的多电子体系，而是求解一个等效的但更为简单的、在有效势场 V_{eff} 下的无相互关联作用的 Kohn-Sham 单粒子体系，见图 2-2。正是由于 Kohn-Sham 方程在大多数情况下更容易求解，才使得研究复杂的现实体系成为可能。

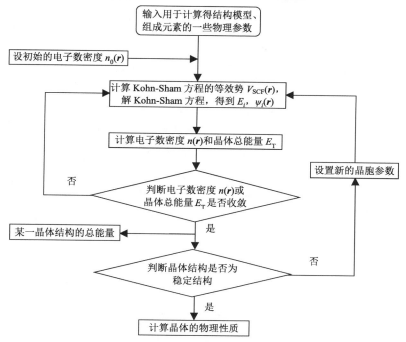

图 2-1　自洽场求解 Kohn-Sham 方程的流程图

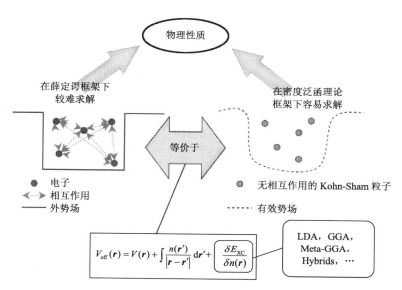

图 2-2　薛定谔方程（SE）及密度泛函理论的 Kohn-Sham（KS）用于求解物理性质的示意图[4]

2.1.4 交换关联泛函

交换关联能 $E_{xc}(n)$ 的精确形式很难得到，在实际计算中通常采取各种近似形式，如局域密度近似（LDA）、广义梯度近似（GGA）、含动能密度的广义梯度近似（Meta-GGA）和杂化泛函（Hyper-GGA）等[4]。美国杜兰大学的 John Perdew 采用雅各布天梯（Jacob's Ladder）对不同的势函数进行描述[5, 6]，在天梯框架中，每上一层，势函数所描述的复杂度随之提高，势函数的差别体现在其对交换-关联势的描述上。

（1）局域密度近似（local density approximations，LDA）位于天梯第一阶，仅仅依靠电子密度来决定交换-关联势，将均匀电子气的模型进行直接应用计算出交换-关联势的能量密度。假设电子密度是空间位置矢量的缓变函数，则交换关联能可近似为

$$E_{xc}^{LDA}(n) = \int dr n(r) \epsilon_{xc}(n)\big|_{n=n(r)} \tag{2-14}$$

式中，$\epsilon_{xc}(n)$ 是密度为 n 的均匀电子气中每一个粒子的交换关联能。现今各种版本的 LDA 势函数的区别只在于它们对关联势上的描述不同，常用的 LDA 泛函有 PZ[7]。LDA 一般低估交换能，但高估关联能，总的能量精度得益于误差抵消。LDA 通常可以给出较好的几何结构和振动频率，但是会显著高估结合能。

（2）广义梯度近似（general gradient approximate，GGA）位于天梯的第二阶，主要加入了电子密度梯度，梯度变量的引入带来了交换-关联势的非局域性。

$$E_{xc}^{GGA}(n) \propto \int dr f(n, \nabla n) \tag{2-15}$$

主流的 GGA 包括无经验参数的 Perdew-Burke-Ernzerhof（PBE）[8]、Perdew-Wang（PW91）[9]和半经验参数的 Becke-Lee-Parr-Yang（BLYP）[10, 11]均属于 GGA。PBE 和 PW91 主要用于研究物理问题，BLYP 则主要用于化学领域。

（3）含动能密度的广义梯度近似（Meta-GGA）位于天梯第三阶，主要加入了动能密度或是电子密度的二阶导数作为新的自由度，其中典型的便是 Tao 等[12]推出的无经验参数的 TPSS 的势函数。

（4）天梯第四阶的杂化泛函（Hyper-GGA）加入了精准描述的交换势（EXX），也即 Hartree-Fock（HF）交换势，其从多电子体系薛定谔方程中求出。其中典型的 B3LYP、HSE 便属于此类势函数。

（5）天梯最高一阶的广义随机相近似（GRPA）则是同时采用了精准描述的交换势和关联势。

在实际的计算中，各类势函数各有适用。交换关联势函数的选择常常需要经

过不同的测试,在计算量和精准度之间权衡选用。一般来说,位于天梯低阶的势函数在应用中计算量会小于高阶势函数的计算量。

1. 基组

在用数值方法求解 Kohn-Sham 方程时,单电子的波函数 $\psi_i(r)$ 是连续的,在 DFT 的实际计算中常常将它离散化,即把单电子轨道表示为有限个解析函数的线性组合:$\varphi_i = \sum_\mu a_\mu \phi_\mu$,其中 ϕ_μ 被称为基函数,其集合 $\{\phi_\mu\}$ 称为基组。目前基组主要分为平面波基组和局域基组。

对于周期性体系,布洛赫(Bloch)定理描述了每个 k 点电子的波函数可以用离散的平面波展开,称为平面波基组。

$$\psi_k(r) = \sum_G C_{G+k} e^{i(G+k)\cdot r} \tag{2-16}$$

式中,G 为倒格矢;k 为第一布里渊区内的波矢;C_{G+k} 为平面波展开系数。原则上样的展开需要无数多个平面波,而实际应用中通过选取适当的截段能 E_{cut} 来这控制平面波的数量:$E_{cut} = \dfrac{\hbar^2(G+k)^2}{2m}$。平面波基组的一个优点是可以通过增加截断能来系统地改善基函数集的性质。主要的平面波基组方法包括正交平面波方法、赝势平面波方法、格林函数法等。

局域基组是将原子轨道线性组合起来作为基组。在计算中局域轨道基组所需基组数目较少,因而节约了计算资源。主要的局域轨道基组方法主要有 Gaussin 轨道组合和原子轨道线性组合。

2. 赝势

在用基组描述电子波函数的过程中,靠近原子核的内层电子(也称为芯电子)与原子核之间存在着强烈的库仑相互作用,因而电子波函数在靠近原子核的地方将出现剧烈振荡,如图 2-3 中虚线所示。这一现象通常需要大量的基函数来描述。

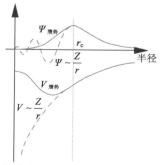

图 2-3 芯电子波函数在库仑势(虚线)与在赝势(实线)下的比较

真实波函数与赝波函数在芯半径 r_c 外相等

由于原子形成分子和固体时内层电子的性质基本保持不变，为了减少计算量，人们提出了赝势的概念，将芯电子冻结以消除振荡，而其余的价电子则通过相对平滑的赝波函数来描述。赝势方法要求赝波函数具有与真实波函数完全相同的能量本征值。常用的赝势有模守恒赝势（norm-conserving pseudopotentials，NCPP）和超软赝势（Ultrasoft pseudopotentials，USPP）。模守恒赝势是第一性原理从头计算原子赝势，其对应的波函数在 r_c（原子芯半径）以外与真实波函数的形状和振幅都相同（即模守恒），且在 r_c 以内比较平缓。模守恒赝势可以给出价电子或类价电子的正确电荷分布，适于作自洽计算，计算时需要选取较高的截断能，也就是"较硬"。模非守恒赝势（超软赝势），其赝波函数在核心范围内被作成尽可能平滑，可以大幅度地减少截断能，使得计算所需的平面波函数基组更少，大大减轻了计算工作量。

2.2 非平衡格林函数方法

非平衡格林函数方法（NEGF）是一种基于量子力学基本原理的方法，最初在研究电子的介观输运上[13-15]展现了极大的魅力，近年来被成功地用于研究声子的量子输运[16-19]。NEGF 对于相干输运基于 Landauer 公式，可以说是 LF 法的一种，然而对于一些非相干输运的情况（电子的相关作用、电声耦合作用），格林函数本身包含的信息非常丰富，远远地超过了 Landauer 公式本身。本书的研究主要是电子、声子的相干输运，因此不考虑电子-电子、电子-声子及声子-声子的相互作用。

2.2.1 电子-NEGF

NEGF 方法的模型通常为 LCR 结构，中间是所研究的导体 C，两端是周期性的半无限大电极 L 和 R，见图 2-4。两端电极分为无限个 PL（principal layer），相邻的 PL 之间存在相互作用而相间的 PL 不存在相互作用。每个 PL 包含 n 个单胞，n 可以通过收敛性测试得到。为了避免两个电极之间的相互作用，因此中间区一般至少包含一端一个 PL。用 H_C、H_{00}^β（$\beta=L,R$）表示 on-site 哈密顿矩阵，H_{LC}、H_{CR} 和 H_{01}^β 表示耦合（coupling）哈密顿矩阵，则整个体系的哈密顿矩阵 H_{LCR} 可表示为一带状矩阵

$$H_{LCR} = \begin{pmatrix} \vdots & H_{01}^L & & & & \\ H_{10}^L & H_{00}^L & H_{LC} & & & \\ & H_{CL} & H_C & H_{CR} & & \\ & & H_{RC} & H_{00}^R & H_{01}^R & \\ & & & H_{10}^R & \vdots & \end{pmatrix} \quad (2\text{-}17)$$

其中，$H_{C\beta}=(H_{\beta C})^T$，$H_{01}^\beta=(H_{10}^\beta)^T$。如果中心区与两电极相同，则整个 H 可只由 H_{00} 和 H_{01} 两个矩阵唯一确定。中心区的推迟（retarded）格林函数为

$$G^r = \left[(E+i\eta)I - H_C - \Sigma_L^r - \Sigma_R^r\right]^{-1} \tag{2-18}$$

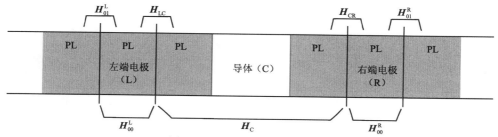

图 2-4　NEGF 方法的 LCR 模型

其中 $H00\_C$、$H00\_\beta$ 和 $H01\_\beta$（β = L、R）为哈密顿矩阵块，PL 为原理层（principal layer），只有相邻的 PL 之间存在相互作用

式（2-18）中，E 为电子能量；i 为虚数单位；η 为一很小的实数；I 为一单位矩阵，上式适用于由正交基函数得到的 H，对于非正交的情况只需将 I 替换成重叠矩阵 S 即可。Σ 为自能（self energy），描述中心区与两端的相互作用

$$\Sigma_\beta^r = H_{C\beta} g_\beta^r H_{\beta C} \tag{2-19}$$

式中，g_β^r 为两电极的表面推迟格林函数，可以通过递归的方法求得[20]。知道了推迟格林函数后，就可以计算电子的透射系数

$$\mathcal{T}(E) = \mathrm{Tr}(G^r \Gamma_L G^a \Gamma_L) \tag{2-20}$$

$$G^a = (G^r)^\dagger$$
$$\Gamma_\beta = i(\Sigma_\beta^r - \Sigma_\beta^a) = -2\mathrm{Im}(H_{C\beta} g_\beta^r H_{\beta C}) \tag{2-21}$$

式中，G^a 为提前（advanced）格林函数。由 Landauer 公式可知电子的电流

$$I = \frac{2e}{\hbar}\int_{-\infty}^{+\infty} dE \mathcal{T}(E)\left[f(E,\mu_L,T) - f(E,\mu_R,T)\right] \tag{2-22}$$

式中，e 为电子电荷；$f(E,\mu,T) = 1/(e^{(E-\mu)/k_BT}+1)$ 为 Fermi-Dirac 分布函数。电子的热流密度

$$I_Q = \frac{2}{\hbar}\int_{-\infty}^{+\infty} dE \mathcal{T}(E)(E-\mu)\left[f(E,\mu_L,T) - f(E,\mu_R,T)\right] \tag{2-23}$$

基于线性响应近似，I 和 I_Q 可以分别以 $\Delta\mu$ 和 ΔT 展开

$$I = \Delta\mu \frac{2e}{\hbar}\int_{-\infty}^{+\infty} \mathrm{d}E \mathcal{T}(E)\frac{\partial f}{\partial \mu} + \Delta T \frac{2e}{\hbar}\int_{-\infty}^{+\infty} \mathrm{d}E \mathcal{T}(E)\frac{\partial f}{\partial T} \quad (2\text{-}24)$$

$$I_Q = \Delta\mu \frac{2}{\hbar}\int_{-\infty}^{+\infty} \mathrm{d}E \mathcal{T}(E)(E-\mu)\frac{\partial f}{\partial \mu} + \Delta T \frac{2}{\hbar}\int_{-\infty}^{+\infty} \mathrm{d}E \mathcal{T}(E)(E-\mu)\frac{\partial f}{\partial T} \quad (2\text{-}25)$$

引入 $\mathcal{L}_n(\mu, T)$ 函数

$$\mathcal{L}_n(\mu, T) = \frac{2}{\hbar}\int \mathrm{d}E \mathcal{T}(E) \times (E-\mu)^n \times \left[-\frac{\partial f(E,\mu,T)}{\partial E}\right] \quad (2\text{-}26)$$

式中，μ 为化学势；$\hbar$ 为普朗克常量，由 $\mathcal{L}_n(\mu, T)$ 可以得到电子的各种输运性质

$$G = e^2 \mathcal{L}_0$$

$$\kappa_e = \frac{1}{T} \times \left(\mathcal{L}_2 - \frac{\mathcal{L}_1^2}{\mathcal{L}_0}\right) \quad (2\text{-}27)$$

$$S = \frac{1}{eT} \times \frac{\mathcal{L}_1}{\mathcal{L}_0}$$

式中，G、κ_e、S 分别为电子的电导、热导及泽贝克系数，省略了因数 μ 和 T。

在上述的计算过程中，整个体系 LCR 结构是一维的，这只适用于 CNT 这样的一维材料，对于石墨烯、石墨炔这种二维的结构，需要引入哈密顿矩阵的相空间表示

$$H(k) = \sum_R H(R) e^{-i k \cdot R} \quad (2\text{-}28)$$

其中 k 和 R 都垂直于传输方向，这样将二维的系统转换为一系列没有相互作用的一维链，每个 k 点都可应用上述公式计算电子的透射系数 $\mathcal{T}_k(E)$，最后对 k 点求和得到总的透射系数

$$\mathcal{T}(E) = \sum_k w_k \mathcal{T}_k(E) \quad (2\text{-}29)$$

式中，w_k 为 k 点的权重因子。

2.2.2 声子-NEGF

声子的 NEGF 过程与电子的 NEGF 过程类似，只需将式（2-18）中的 H_C 替换成 $\mathit{\Phi}_\mathrm{C}$，$(E+\mathrm{i}\eta)$ 替换成 $(\omega+\mathrm{i}\eta)^2$ 即可。同样的过程可以得到声子的热流密度

$$J_Q = \frac{1}{2\pi}\int_0^\infty \mathrm{d}\omega \hbar \omega \mathcal{T}(\omega)[n(\omega,T_L) - n(\omega,T_R)] \tag{2-30}$$

式中，$n(\omega,T) = 1/[\mathrm{e}^{\hbar\omega/k_B T} - 1]$ 为 Bose-Einstein 分布函数。设 $\Delta T = T_L - T_R \ll \dfrac{T_L + T_R}{2}$，则由傅里叶导热定律 $J_Q = \kappa_\mathrm{p}\Delta T$ 可以得到声子的热导

$$\kappa_\mathrm{p} = \frac{1}{2\pi}\int_0^\infty \mathrm{d}\omega \hbar \omega \mathcal{T}(\omega)\frac{\partial n(\omega,T)}{\partial T} \tag{2-31}$$

式（2-23）结合式（2-26）可以求得材料的热电优值系数

$$ZT = \frac{GS^2 T}{\kappa_\mathrm{e} + \kappa_\mathrm{p}} \tag{2-32}$$

2.3 第一性原理计算软件

第一性原理的计算软件有很多，其中大多基于 Linux 平台，在实际应用中需要考虑软件之间的优缺点，秉承准确度优先、节约资源为其次的原则进行适当的组合与运用。本节对常用的一些软件进行介绍，包括 Quantum ESPRESSO、VASP、Siesta、Phonopy、WanT 等。

2.3.1 Quantum ESPRESSO

Quantum ESPRESSO（opEn-Source Package for Research in Electronic Structure, Simulation, and Optimization）[21]是基于密度泛函理论的计算软件，采用正交平面波基组和赝势方法，通过控制平面波的个数，可以准确地描述电子体系的密度分布，得到合理的能量值。软件主要使用模守恒（NCPP）与超软赝势（USPP），使用者也可以利用软件自己产生赝势。Quantum ESPRESSO 中根据模块不同可以计算多种性质，例如，PW 模块用于原子结构的优化、电子自洽结构计算；PH 模块用于声子结构的计算，与其他模块一起还能实现后续数据处理、最小能量路径算法、电子输运性质计算、CPMD 与 FPMD 的分子动力学计算等功能。其计算结果可靠，并行效率高、辅助工具完善，是应用平面波赝势方法的代表性软件之一。

2.3.2 VASP

VASP（Vienna Ab initio simulation package）[22]是目前在材料领域广泛应用的第一性原理计算软件。软件基于平面波赝势方法，采用局域密度近似（LDA）

或广义梯度近似（GGA）泛函描述电子交换关联相互作用。软件为使用者提供了非常全面的赝势库，包括 Vanderbilt 超软赝势或投影缀加平面波的赝势函数，在功能上具有计算效率高、结果准确两大优势。VASP 计算功能强大，可用于原子、分子、晶体、薄膜、无定形材料、表面结构等体系的结构参数、电子结构、光学、磁学等性质的计算，同时在自旋体系及杂化泛函的使用上也有较好的准确性。

2.3.3 Siesta

Siesta（Spanish initiative for electronic simulations with thousands of atoms）[23]是基于密度泛函理论的第一性原理计算软件，也是一系列方法的总称。它采用局域化的原子轨道基组展开 Kohn-Sham 方程中的单电子波函数，并加入线性算法进行组合，使计算所需的时间、内存与原子数量呈线性关系，其在大体系中的计算效率较高，在适当的工作站上能够模拟几百个原子的体系。同时，Siesta 在计算结果的准确性和计算量之间可以自由地进行调控，在满足计算准确性的前提下可以最大化地节约计算资源。Siesta 可用于分子、固体的电学性质、晶格动力学、分子动力学计算。

2.3.4 Phonopy

Phonopy[24]是用于固体晶格动力学性质计算的软件，常常与其他第一性原理软件结合使用，目前已提供了包括 VASP、WIEN2k、Quantum ESPRESSO、ABINIT、SIESTA 及 CRYSTAL 等软件的接口。Phonopy 提供了包括密度泛函微扰理论（DFPT，density functional perturbation theory）与冻结声子法（frozen phonon）在内的路径来计算体系声子力常数，从而得到材料声子结构与热力学性质。

2.3.5 WanT

WanT（Wannier transport）[25]是基于最大局域化 Wannier 函数方法的软件，它结合了先进密度泛函理论、平面波、模守恒赝势函数用于描述倒空间的布洛赫函数。由于布洛赫轨道本质是非局域的，不能直接用于电子输运研究，须转化为局域函数才能构造哈密顿矩阵。最大局域化 Wannier 函数的使用解决了这一问题。使用真实空间的 Wannier 函数描述系统哈密顿量，能够将平面波方法与晶格格林函数的计算相结合，从而研究纳米结构的量子输运性质，包括电子和声子的弹道输运。

2.3.6 其他软件

CASTEP（Cambridge serial total energy package）[26]是基于密度泛函理论，采用平面波基组与赝势方法的第一性原理计算软件。它可以在原子层面上计算材料能量、结构，还能对材料的力学性质、振动特性、电子响应特性及各种光谱进行计算研究。

WIEN2k 是基于 Linux 系统的材料计算软件，采用线性缀加平面波（LAPW）和局域轨道（LO）的方法，虽然较其他软件耗时，但能精准计算材料电子结构与化学键特性。WIEN2k 可用于材料结构优化、电学、光学性质计算、分子动力学计算等。

Gaussian[27]为使用者提供了不同理论计算方法的选择，包括半经验方法、Hatree-Fock 方法和密度泛函方法。在 DFT 框架中使用的是高斯型局域轨道基组，对内层电子的描述包括全电子势与赝势方法，可以对一系列尺度与化学条件下的材料性能进行计算，包括分子构型优化、能量计算、光谱计算等。

DFTB+[28]是基于密度泛函紧束缚理论（density functional based tight binding，DFTB）的量子力学模拟计算软件。它采用冻结的原子轨道线性组合得到电子的离域轨道，是一种近似的 DFT 理论。DFTB+可用于优化分子和固体的结构、计算电子结构、声子结构与非平衡状态下的电子输运，计算效率很高，速度比 DFT 要高出两个数量级，非常适合大体系和输运的计算。

参 考 文 献

[1] 王晓明. 低维碳材料热及热电输运的第一性原理研究[D]. 广州：中山大学. 2014.

[2] 陈楷炫. 二维材料热特性的第一性原理研究[D]. 广州：中山大学. 2017.

[3] Geerlings P, de Proft F, Langenaeker W. Conceptual density functional theory[J]. Chem Rev, 2003, 103(5): 1793-1873.

[4] Mattsson A E, Schultz P A, Desjarlais M P, et al. Designing meaningful density functional theory calculations in materials science—a primer[J]. Modell Simul Mater Sci Eng, 2005, 13(1): R1-R31.

[5] Perdew J P, Schmidt K. Jacob's ladder of density functional approximations for the exchange-correlation energy[J]. Phys Rev Lett, 2001, 577: 1-20.

[6] Perdew J P, Ruzsinszky A, Tao J, et al. Prescription for the design and selection of density functional approximations: more constraint satisfaction with fewer fits[J]. J Chem Phys, 2005, 123(6): 62201.

[7] Perdew J P, Zunger A. Self-interaction correction to density-functional approximations for many-electron systems[J]. Phys Rev B, 1981, 23(10): 5048-5079.

[8] Perdew J P, Burke K, Ernzerhof M. Generalized gradient approximation made simple[J]. Phys Rev Lett, 1996, 77(18): 3865-3868.

[9] Perdew J P, Chevary J A, Vosko S H, et al. Erratum: atoms, molecules, solids, and surfaces: applications of the generalized gradient approximation for exchange and correlation[J]. Phys Rev B, 1993, 48(7): 4978-4978.

[10] Becke A D. Density-functional exchange-energy approximation with correct asymptotic behavior[J]. Phys Rev A, 1988, 38(6): 3098-3100.

[11] Lee C, Yang W, Parr R G. Development of the Colle-Salvetti correlation-energy formula into a functional of the electron density[J]. Phys Rev B, 1988, 37(2): 785-789.

[12] Tao J, Perdew J P, Staroverov V N, et al. Climbing the density functional ladder: nonempirical meta-generalized gradient approximation designed for molecules and solids[J]. Phys Rev Lett, 2003, 91(14): 146401.

[13] Meir Y, Wingreen N. Landauer formula for the current through an interacting electron region[J]. Phys Rev Lett, 1992, 68(16): 2512-2515.

[14] Nardelli M B. Electronic transport in extended systems: application to carbon nanotubes[J]. Phys Rev B, 1999, 60(11): 7828-7833.

[15] Datta S. Nanoscale device modeling: the Green's function method[J]. Superlattices Microstruct, 2000, 28(4): 253-278.

[16] Mingo N, Yang L. Phonon transport in nanowires coated with an amorphous material: an atomistic Green's function approach[J]. Phys Rev B, 2003, 68(24): 245406.

[17] Mingo N. Anharmonic phonon flow through molecular-sized junctions[J]. Phys Rev B, 2006, 74(12): 125402.

[18] Wang J S, Wang J, Zeng N. Nonequilibrium Green's function approach to mesoscopic thermal transport[J]. Phys Rev B, 2006, 74(3): 033408.

[19] Yamamoto T, Watanabe K. Nonequilibrium Green's function approach to phonon transport in defective carbon nanotubes[J]. Phys Rev Lett, 2006, 96(25): 255503.

[20] Sancho M P L, Sancho J M L, Rubio J. Highly convergent schemes for the calculation of bulk and surface Green functions[J]. J Phys F, 1985, 15: 851-858.

[21] Giannozzi P, Baroni S, Bonini N, et al. QUANTUM ESPRESSO: a modular and open-source software project for quantum simulations of materials[J]. J Phys Condens Matter, 2009, 21(39): 395502.

[22] Kresse G, Furthmüller J. Efficient iterative schemes forab initiototal-energy calculations using a plane-wave basis set[J]. Phys Rev B, 1996, 54(16): 11169-11186.

[23] Soler J M, Artacho E, Gale J D, et al. The SIESTA method for ab initio order-N materials simulation[J]. J Phys Condens Matter, 2002, 14(11): 2745-2779.

[24] Togo A, Tanaka I. First principles phonon calculations in materials science[J]. Scr Mater, 2015, 108: 1-5.

[25] Mostofi A A, Yates J R, Lee Y S, et al. Wannier90: a tool for obtaining maximally-localised Wannier functions[J]. Comput Phys Commun, 2008, 178(9): 685-699.

[26] Clark S J, Segall M D, Pickard C J, et al. First principles methods using CASTEP[J]. Z Kristallogr, 2005,

220(5-6): 567-570.

[27] Frisch M J, Trucks G W, Schlegel H B, et al. Gaussian 16[Z]. Gaussian, Inc.: Wallingford CT, 2016.

[28] Aradi B, Hourahine B, Frauenheim T. DFTB+, a sparse matrix-based implementation of the DFTB method[J]. J Phys Chem A, 2007, 111(26): 5678-5684.

第 3 章 碳 纳 米 管

3.1 碳纳米管声子的透射系数

虽然本书采用 NEGF 方法计算声子的热导,没有必要计算材料的声子谱,但是声子谱可以直观地反映原子间力常数(interatomic force constants, IFC)的准确性,而且易于同实验结果对比[1, 2]。对比分别用 DFT/DFPT 和 DFTB 两种方法得到的声子谱,见图 3-1。其中 DFT/DFPT 的计算采用平面波基函数,碳原子用 PZ 模守恒赝势,能量截断为 90 Ry,k 点网格为 $1\times1\times12$,q 点网格为 $1\times1\times5$,计算之前进行了结构优化,力的收敛精度为 1E-4 Ry/Bohr。DFTB 的计算最关键的是选取 sk 文件,本书选取了 3ob-freq 的 sk 文件,其中 freq 表示对振动频率进行了校正,计算声子采用超胞的方法,计算了 $1\times1\times7$ 的超胞,差分的方法对力的收敛要求比较严格,本书采用 1E-7 Ha/Bohr 的收敛阈值。由图 3-1 可见,两种方法得到的声子谱基本没有区别,并且 Γ 点附近的声学支都没有虚频,其中 DFT/DFPT 方法对 4 个声学支强制采取了声学求和规则(ASR),而 DFTB 方法没有采用 ASR,这体现了该方法 TB 的性质。图 3-2 对比了由上述两种方法得到的 IFC 作为 NEGF 输入计算的声子热导。由图 3-2 可见,两种方法计算的热导基本没有差别,这种条件下,用 DFTB 方法可以达到 DFT 的精度,而 DFTB 的计算效率非常高,因此所有 CNT 输运的计算都采用 DFTB-NEGF 方法。

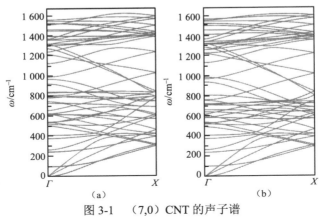

图 3-1 (7,0) CNT 的声子谱

(a) 和 (b) 分别为 DFT/DFPT 和 DFTB 的结果

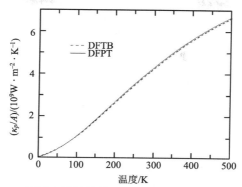

图 3-2　不同方法计算的（7,0）CNT 的声子热导比较

$A = \pi D\delta$ 为截面积；D 为 CNT 的直径；$\delta = 0.335$ nm 为壁厚

图 3-3 为 DFTB 方法计算得到的不同 CNT 的声子谱。由于都是 sp^2 碳原子，所以无论是锯齿型还是扶手椅型 CNT，其声子的频率范围大致一样，为 0～1600 cm^{-1}。另外，随着 CNT 管径的增加可以看出一些声子模式的变化，其中最明显的是位于 $\varGamma$ 点处第一支光学声子频率 $\omega_{\text{o, min}}$ 的变化，其随着 CNT 直径的增加而降低，呈 $\propto 1/D^2$ 的关系，这一点在分析 CNT 的热导及热导率随着管径的变化关系时非常重要，该频率直接决定了不同管径 CNT 在低温下呈现量子化热导的最高温度，也决定了不同管径 CNT 的 ZA 模式声子非简谐作用的大小，即 ZA 声子 Umklapp 散射的强度，因为越低的 $\omega_{\text{o, min}}$ 能够提供越多的散射通道。相应地，知道了力常数矩阵便可采用 NEGF 方法得到声子的透射系数，见图 3-4。所有 CNT 的声子透射系数都是从 4 开始，这是因为在 $\varGamma$ 点有 4 个声子支的频率为零，分别为一个 LA、一个 TA 及两个简并的 ZA，对于一维的完美晶体如 CNT，每个声子支的透射都是 1，声子的透射系数也可以通过数声子支的个数得到，所以 CNT 的声子透射系数都为整数，呈阶梯状，因此在 $\varGamma$ 点 CNT 的声子透射系数为 4。随着 CNT 管径的增加，声子模式数增多，声子传输的通道也相应地增加，因此声子的透射系数增加。

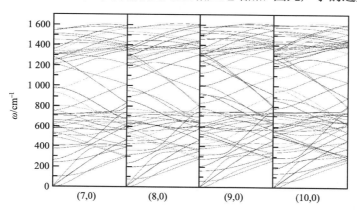

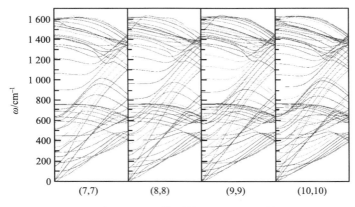

图 3-3 不同构型的 CNT 的声子谱

其中横坐标均为布里渊区的 ΓX 线

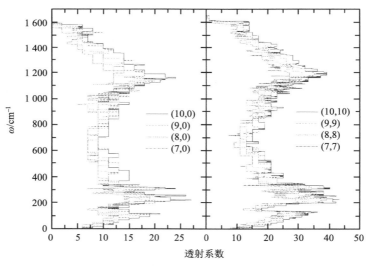

图 3-4 不同构型 CNT 的声子透射系数

3.2 碳纳米管的热输运特性

3.2.1 温度、管径与 CNT 热导的关系

不同的声子透射系数根据式（2-31）可以计算得到不同 CNT 的声子热导，如图 3-5 所示。为了便于比较，热导都除以相应的 CNT 的截面积 $A = \pi D \delta$，D 为管径，$\delta = 0.335$ nm 为壁厚。不同管径的热导在 20 K 以下，随着管径的减小而增加，随着温度的升高这种差异变小，在室温下不同管径的 CNT 的热导基本趋于一致，

约为 4.2×10^9 W·m^{-2}·K^{-1},与 Mingo 和 Broido[3]的计算结果一致。另外,从图 3-5 上可以看出,在低温下 CNT 的声子热导随着温度呈 $\propto T$ 的变化关系,由于热导的量子为 $\kappa_0 = \pi^2 k_B^2 T/3\hbar$ 也与温度呈线性关系,所以 CNT 在低温下呈现出量子化热导,如图 3-6 所示。在低温极限下,所有 CNT 的热导均为 $4\kappa_0$,其中每个声子支贡献一个 κ_0,随着温度的升高,CNT 的光学声子被不断激发,热导的量子化效应逐渐消失。由于管径越小,CNT 的最低频光学声子的频率越大,那么激发该模式声子就需要更高的温度,所以随着管径的增加,量子化热导的温度范围减小。由于不同管径 CNT 的声子热导在低温下均为 $4\kappa_0$,所以低温下随着管径的增加,热导逐渐降低。而高温下 CNT 的热导总体来说随着管径的增加而略微增大,但是也存在个别情况。

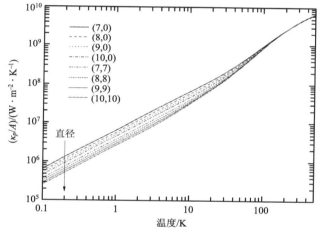

图 3-5　不同管径 CNT 的声子热导随温度的变化曲线
箭头表示管径增加的方向

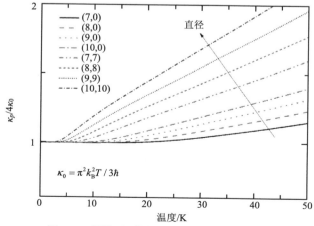

图 3-6　低温下不同 CNT 的量子化声子热导
箭头表示管径增加的方向

3.2.2 管长与 CNT 热导的关系

由于 NEGF 计算的弹道输运,该方法并不能处理 CNT 的热导率随着管长 L 的变化关系,为此,本书引入 CNT 声子的平均自由程 ℓ,采用经验性公式 $k = \kappa L \ell / [A(\ell + L)]$ 来定性地说明 k 随着 L 的变化关系,其中 $\kappa = 4.2 \times 10^9\ \mathrm{W \cdot m^{-2} \cdot K^{-1}}$,$\ell$ 取 $0.5 \sim 1.5\ \mu m$,计算结果见图 3-7。可见随着 L 的增加,CNT 的热导率开始增加比较快而后逐渐趋于平缓,其中当 ℓ 分别为 $1.25\ \mu m$ 和 $1.5\ \mu m$ 时,计算结果分别与 Pop 等[4]、Wang 等[5, 6]的单壁碳纳米管的实验测量结果一致,说明 SWCNT 的声子平均自由程在室温下仍然很大, $\ell > 1\ \mu m$。

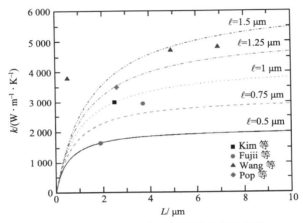

图 3-7 CNT 的热导率随着管长的变化关系

3.2.3 MWCNT 的热导

图 3-7 还给出了 Kim 等[7]和 Fujii 等[8]的 MWCNT 的实验测量值,如果 MWCNT 的热导与 SWCNT 相差不大(见第 1 章),那么可以看出 MWCNT 的声子平均自由程比 SWCNT 要稍微小一点。为了更准确地研究 MWCNT 的热导,本书计算了双壁碳纳米管(DWCNT)(5,5)@(10,10)的声子热导,见图 3-8。(5,5)@(10,10)即里面一层为(5,5)SWCNT,外面一层为(10,10)SWCNT,层与层之间的距离为 0.335 nm。本书定义 $\xi = (\kappa_{\mathrm{mean}} - \kappa) / \kappa_{\mathrm{mean}}$ 为声子热导减小的比例,其中 κ_{mean} 为(5,5)SWCNT 和(10,10)SWCNT 热导的平均值。其中热导都是截面积约化的值,对于 DWCNT, $A = \pi(D_i + D_o)\delta$, D_i 和 D_o 分别为里层 SWCNT 和外层 SWCNT 的直径。由图 3-8 可见, $T < 10\ \mathrm{K}$ 时, ξ 为 56%,保持不变,这是由于量子化热导的存在,然后随着温度的升高, ξ 逐渐降低,在室温时基本保持不变,为 3%。因此,从弹道输运的角度来看,MWCNT 的管与管之间的相互作用并没有明显降低其热导。

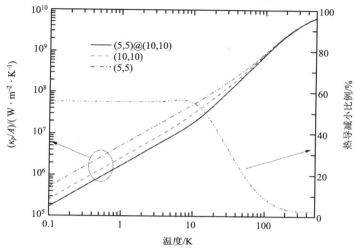

图 3-8 DWCNT 的声子热导及相对于 SWCNT 热导减小的比例随温度的变化关系

3.2.4 电子对 CNT 热导的贡献

对于半导体 CNT，声子是热的主要载子，而对于金属性 CNT，由于自由电子的存在，其对热导的贡献必须要考虑。要想计算 CNT 的电子对热导的贡献，需要计算电子的透射系数。本书同样用 DFTB 的方法计算电子的透射系数。由 DFTB 得到电子的哈密顿矩阵 $\boldsymbol{H}$ 和重叠矩阵 $\boldsymbol{S}$，由此可以得到相应的电子的能带图，如图 3-9 所示分别为（10,10）SWCNT 和（10,0）SWCNT 的能带。（10,10）SWCNT 为典型的金属管，其有两条能带在费米能级处相交，而（10,0）SWCNT 具有典型的半导体特性，从图 3-9 上可以看出其在费米能级处存在一带隙 $E_g = 0.74$ eV。半导体 CNT 的带隙从其电子的透射系数上也能看出来，见图 3-10。锯齿型 CNT 的带隙随着管径并不单调变化，较小的管由于弯曲效应而呈现减属性，而大管径的锯齿型 CNT 随着管径的增加而减小，当管径趋于无限大，即相当于石墨烯，从而表现出半金属的性质。（7,0）、（8,0）和（10,0）SWCNT 都是典型的半导体管，而（9,0）SWCNT 的带隙非常小，仅为 0.08 eV 左右，性质接近于金属。与声子的透射系数一样，CNT 的电子透射系数也可以通过数能带的个数确定，从而呈现阶梯状的透射曲线，从图 3-10 可以看到费米能级处（10,10）SWCNT 的透射系数为 2，这与其能带图相对应。另外，随着管径的增加，电子的透射系数也变大，与声子的透射系数类似。对于电子输运的计算，式（2-26）中包含对 Fermi-Dirac 函数的积分，而 FD 函数只在费米能级附近有值，因此积分的能量区间选为[-3, 3]足以计算 500 K 以内的电子输运性质。

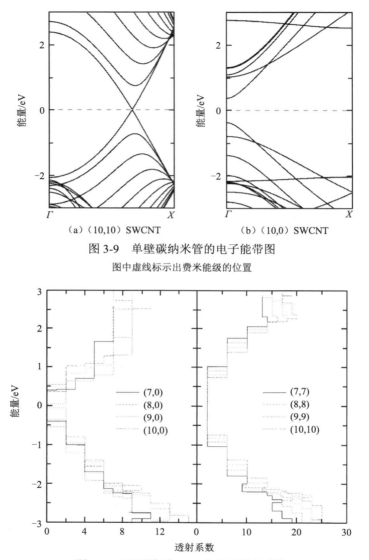

图 3-9 单壁碳纳米管的电子能带图
图中虚线标示出费米能级的位置

图 3-10 不同构型 CNT 的电子透射系数

有了电子的透射系数,就可以根据式(2-27)计算电子对热导的贡献。图 3-11 和图 3-12 分别给出了电子对(10,0)SWCNT 和(10,10)SWCNT 热导的贡献。对于(10,0)SWCNT,当 $\mu = 0$ 时,电子热导基本为 0,只有在高温时其值才会有所增加。所以,室温下电子对(10,0)SWCNT 热导的贡献可以忽略。当改变 SWCNT 的化学势时,即移动电子的费米能级,这可以通过掺杂或加门电压实现,其电子热导逐渐增大。在低温极限下,对于 SWCNT,一个电子能带由于电子自旋的存在提供 $2\kappa_0$ 的热导。因此,当费米能级向上移动到(10,0)SWCNT 的第一个导带时,便出现 $4\kappa_0$ 电子热导,因为此时的能带是二重简并的,如图 3-11 插图所示。同理,对于(10,10)SWCNT,其两条能带在费米能级处相交,而每条能带都是二重简并,所以在费米能级处其电子热导为 $4\kappa_0$,而且该值不随温度变化而变化,因此,室温下电子对热导的贡献为 $4\kappa_0 = 0.8\times10^9\ \mathrm{W\cdot m^{-2}\cdot K^{-2}}$,约为总热导的 16%,并不能被忽略。所以,准确计算金属 CNT 的热导需要考虑电子的贡献。

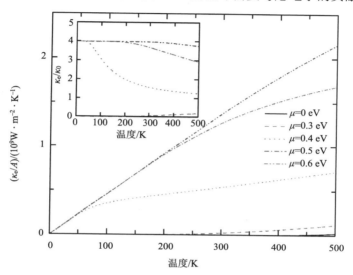

图 3-11　不同化学势 μ 下(10,0)SWCNT 的电子热导随温度的变化关系

插图的电子热导以量子化热导 κ_0 为单位

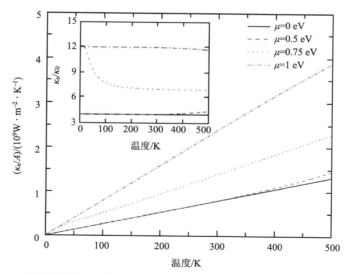

图 3-12　不同化学势 μ 下(10,10)SWCNT 的电子热导随温度的变化关系

插图的电子热导以量子化热导 κ_0 为单位

3.3 碳纳米管的热电输运特性

由图 3-10 所示 CNT 电子的透射系数，根据式（2-27）可以计算 CNT 的电导 G、电子热导 κ_e（见 3.2.4）和泽贝克系数 S 或热电功率 TEP，最后根据式（2-32）可以计算出 CNT 的热电优值系数 ZT。图 3-13 和图 3-14 分别为室温下锯齿型和扶手椅型 CNT 的 G、κ_e、S、ZT 随化学势变化的曲线。CNT 的零温量子电导为 $G(E) = G_0 \mathcal{T}(E)$，其中 $G_0 = 2e^2/\hbar$ 为电导量子。温度的作用即对量子电导进行了加权平均，加权因子为 $\left.\dfrac{\partial f}{\partial T}\right|_E$，$\left.\dfrac{\partial f}{\partial T}\right|_E$ 为偶函数且只在 E 附近有值，因此加权的结果是将阶梯状电导的棱角处进行了不同程度的抹平，电子的热导与电导类似，如图 3-13（a）、图 3-13（c）、图 3-14（a）和图 3-14（c）所示。因此，CNT 的电导和电子热导的曲线与电子的透射系数曲线非常相似。

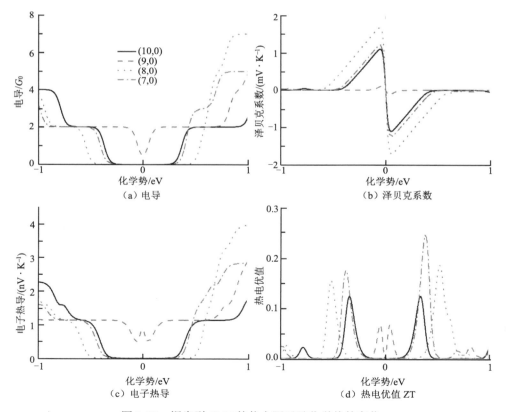

图 3-13 锯齿型 CNT 的热电因子随化学势的变化

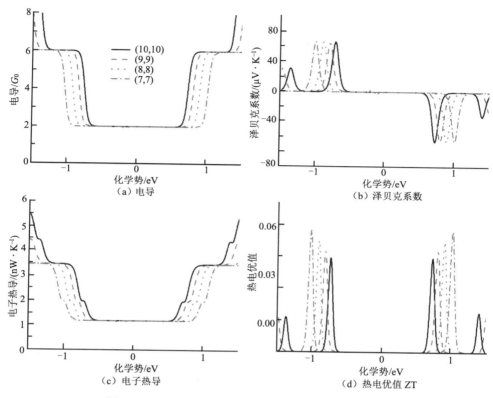

图 3-14 扶手椅型 CNT 的热电因子随化学势的变化

半导体型和金属型 CNT 的 S 均以 CNP 呈反对称分布，见图 3-13（b）和图 3-14（b）。前者的数量级为 $mV·K^{-1}$ 而后者仅为 $μV·K^{-1}$。其中（9,0）管的带隙非常小，金属性很明显，所以其 S 也与金属管类似。半导体型 CNT 的 S 的最大值在 CNP 附近两侧，并且最大值随着 CNT 带隙的增加而增大，最大值的位置基本不随化学势变化；而金属型 CNT 的 S 的最大值则出现在第二条导带或价带的边缘，最大值的大小不随管径变化，但是位置随着管径的增加而靠近 CNP。Small 等[9]的实验结果与图 3-13（b）类似，但是最大值为 $283μV·K^{-1}$，由此可以推断出相应的化学势进而求解出电子的载流子浓度。为了进一步研究温度对 S 的影响，图 3-15 和图 3-16 分别给出了（10,0）SWCNT 和（10,10）SWCNT 的 S 在几个典型温度下随化学势变化的关系，相应的插图为某个化学势下 S 随温度的变化关系。由图 3-15 可以看出，（10,0）管的 S 随着温度的增加而增加，由插图可以看出 $S∝-1/T$。这是因为对于半导体，当 S 处在价带和导带之间时可以近似表示为 $S≈-k_B/|e|(E_g/2k_BT+2)$[10, 11]。而对于（10,10）管，其 S 随着温度的增加而减小，可由 Mott 公式[12]定性地表示

$$S = -\frac{\pi^2 k_\mathrm{B}^2 T}{3|e|} \frac{\partial \ln[G(\mu,T)]}{\partial \mu} \tag{3-1}$$

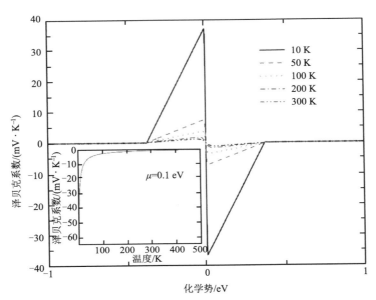

图 3-15 （10,0）SWCNT 的泽贝克系数在典型温度下随着化学势的变化关系

插图为 $\mu = 0.1$ eV 时，S 随温度的变化关系

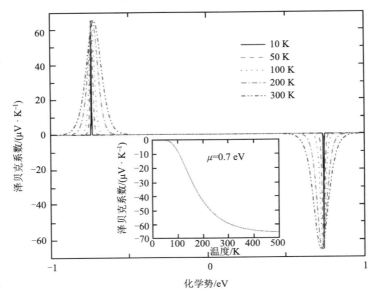

图 3-16 （10,10）SWCNT 的 S 在典型温度下随着化学势的变化关系

插图为 $\mu = 0.7$ eV 时，S 随温度的变化关系

图 3-13（d）和图 3-14（d）分别为锯齿型和扶手椅型 CNT 的热电优值系数 ZT。ZT 值基本都以 CNP 为中点呈对称分布，然而对于（7,0）SWCNT、（8,0）SWCNT，其 ZT 的最大值并不对称，都出现在电子导电情况下即 N 型掺杂。图 3-17 总结了不同管径和构型 CNT 的 ZT 随管径的变化关系。对于扶手椅型 CNT，均为金属管，ZT 随着管径的增加而单调降低。锯齿型 CNT 分为金属性和半导体性。其中（7,0）、（8,0）和（10,0）管为典型的半导体管，其 ZT 随着管径的增加明显降低，（5,0）和（6,0）管由于小管径弯曲作用，呈典型的金属性，而（9,0）管由于带隙非常小，其性质与金属管类似，因此可以将（5,0）、（6,0）和（9,0）管分为一组，其 ZT 同样随着管径的增加而降低。从图 3-17 可知，（7,0）SWCNT 的 ZT 最大约为 0.25。虽然其值并没有达到目前商用的 1，但是 CNT 的热导率很高，有很大的降低空间，因此，CNT 有望通过对其声子输运的结构化改造从而开发出基于 CNT 的新型高性能热电材料。

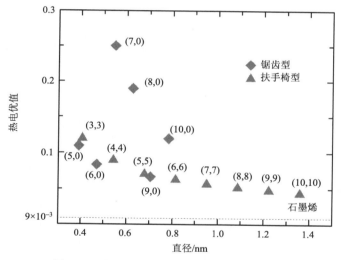

图 3-17　室温下 CNT 的 ZT 随管径的变化关系

图中虚线为室温下石墨烯的 ZT 值（见第 4 章）

参 考 文 献

[1] 王晓明. 低维碳材料热及热电输运的第一性原理研究[D]. 广州：中山大学. 2014.

[2] 陈楷炫. 二维材料热特性的第一性原理研究[D]. 广州：中山大学. 2017.

[3] Mingo N, Broido D A. Carbon nanotube ballistic thermal conductance and its limits[J]. Phys Rev Lett, 2005, 95(9): 096105.

[4] Pop E, Mann D, Wang Q, et al. Thermal conductance of an individual single-wall carbon nanotube above room

temperature[J]. Nano Lett, 2006, 6(1): 96-100.

[5] Wang Z L, Tang D W, Li X B, et al. Length-dependent thermal conductivity of an individual single-wall carbon nanotube[J]. Appl Phys Lett, 2007, 91(12): 123119.

[6] Wang Z L, Tang D W, Zheng X H, et al. Length-dependent thermal conductivity of single-wall carbon nanotubes: prediction and measurements[J]. Nanotechnology, 2007, 18(47): 475714.

[7] Kim P, Shi L, Majumdar A, et al. Thermal transport measurements of individual multiwalled nanotubes[J]. Phys Rev Lett, 2001, 8721(21): 215502.

[8] Fujii M, Zhang X, Xie H Q, et al. Measuring the thermal conductivity of a single carbon nanotube[J]. Phys Rev Lett, 2005, 95(6): 065502.

[9] Small J P, Perez K M, Kim P. Modulation of thermoelectric power of individual carbon nanotubes[J]. Phys Rev Lett, 2003, 91(25): 256801.

[10] Tauc J. Theory of thermoelectric power in semiconductors[J]. Phys Rev, 1954, 95(6): 1394-1394.

[11] Johnson V A, Lark-Horovitz K. Theory of thermoelectric power in semiconductors with applications to germanium[J]. Phys Rev, 1953, 92(2): 226-232.

[12] Mott N F. Observation of Anderson localization in an electron gas[J]. Phys Rev, 1969, 138(3): 1336-1340.

第4章 石 墨 烯

4.1 石墨烯的透射系数

4.1.1 石墨烯的声子透射系数

石墨烯的单胞只有两个碳原子，如图 1-11（a）所示，晶格常数 $a_0 = 2.46$ Å。由于原子数少且单胞体积小，很适合 DFT 计算，所以，石墨烯的计算采用 DFT 方法[1, 2]。计算中采用 PZ 的模守恒赝势，能量截断为 90 Ry，对于单胞的计算，k 点网格为 $20 \times 20 \times 1$，q 点网格为 $10 \times 10 \times 1$，计算之前进行了结构优化，力的收敛精度为 1E - 4 Ry/Bohr。图 4-1 为计算的石墨烯的声子谱。由图 4-1 可见，DFT 计算得到的石墨烯的 3 个声学声子支在 Γ 点为零，没有虚频，其中 LA 和 TA 声子支在 Γ 点附近为线性色散，而 ZA 声子支的色散曲线在 Γ 点附近呈抛物线形变化。NEGF 的计算要求每个 PL 之间没有相互作用，因此，本书研究了石墨烯的原子间力常数（interatomic force constants，IFC）的空间衰减（spatial decay）情况，见图 4-2。由图 4-2 可知，石墨烯的 IFC 在空间呈指数衰减，其 IFC 局域性较强，当 $R > 18.6$ Bohr 时，IFC 仅为 $R = 0$ 时的千分之一，因此可以忽略。此距离对应 4 个石墨烯单胞，因此计算中选取 2 个单胞作为一个 PL 即可满足 NEGF 声子输运的要求。

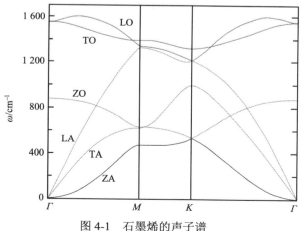

图 4-1　石墨烯的声子谱

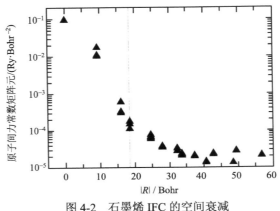

图 4-2 石墨烯 IFC 的空间衰减

一个 PL 包含两个石墨烯单胞,由于石墨烯是二维结构,x 和 y 方向均需要至少两个单胞,因此,本书计算了一个 2×2 超胞,超胞中包含 8 个碳原子。计算中其他参数不变,只是将 k 点网格和 q 点网格变为原来的一半,因为倒空间与实空间相对应。图 4-3 是计算的石墨烯超胞的声子谱,其 Γ 点附近的声子色散情况与单胞基本相同,而布里渊区边界处的点则折叠回 Γ 点,如超胞的 ΓM 线上的声子色散曲线相对于将单胞 ΓM 线上的色散曲线按 ΓM 的中点进行折叠,这样原来的 M 点折叠回了 Γ 点。

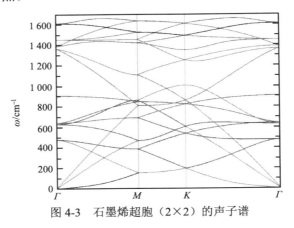

图 4-3 石墨烯超胞(2×2)的声子谱

DFPT 得到的 IFC 往往需要作一些校正。由图 4-2 可知,IFC 中包含一些微弱的远程相互作用 Φ_l,但是正因为 Φ_l 的存在才使得 Γ 点的三个声学声子的频率为零,如果人为地去掉这些远程相互作用,则新的 Φ' 将违反 ASR,所以需要对 Φ' 强制进行 ASR。ASR 之后得到的 Φ'' 存在新的远程矩阵元 Φ_l',但是与 Φ_l 相比,这些矩阵元减小很多,因此可以通过不断重复上述过程,直至 Φ_l' 变为很小,如 1×10^{-10},那么就可完全忽略掉 Φ_l' 的作用。图 4-4 对比了 IFC 校正前后得到的声子的透射系数。由图 4-4 可知，校正过程只是改变了接近于零频的声子透射，而对高频的声子透射几乎没有任何影响。

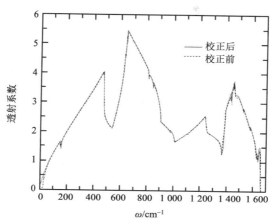

图 4-4　石墨烯的声子透射系数

4.1.2　石墨烯的电子透射系数

对于电子哈密顿矩阵的计算，本书采用最大局域化 Wannier 函数（maximally localized Wannier function，MLWF）。对于 2×2 的石墨烯超胞，本书选取 40 个 Wannier 函数描述其电子能带，其中每个碳碳键的中点作为 gauss 型 Wannier 函数的中心，每个碳原子的位置点作为原子型 Wannier 函数的中心。选取费米能级以上 3 eV 处作为冻结窗口的上限，那么理论上冻结窗口以下的能带能够与 DFT 直接得到的布洛赫（Bloch）能带完全吻合，这也是判断得到的 MLWF 是否合理的标准。另外一个指标即 MLMF 的空间伸展 Ω 的大小。通过计算，本书得到的 MLMF 的 Ω 平均小于 5 $Bohr^2$，并且每个 MLMF 的 Ω 都小于 5 $Bohr^2$。图 4-5 为由 MLMF 得到的电子能带与相应的 Bloch 能带的比较。由图 4-5 可知，冻结窗口以下的能带与 Bloch 能带完全吻合，这也说明了本书得到的 MLWF 是合理的局域性的。为了进一步说明 MLWF 的局域性，图 4-6 给出了由 MLWF 得到的电子哈密顿矩阵 H 的空间衰减。由图 4-6 可知，H 同样呈指数衰减，说明 MLMF 的局域性很好，另外石墨烯的一个 PL 取两个单胞，也足以满足 NEGF 电子输运的要求，因为当 $R>18.6$ Bohr 时，H 也变为 $R=0$ 时的千分之一，可以忽略，与 Φ 不同的是，H 无需作进一步的校正。

图 4-7 为由上述哈密顿矩阵计算得到的石墨烯的电子透射系数。在 Dirac 点（$E=0$ eV）附近，透射系数呈对称分布，与石墨烯能带的 Dirac 锥相对应，参见图 1-7（c）。

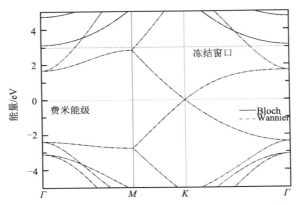

图 4-5　MLWF 得到的电子能带与 Bloch 能带的比较

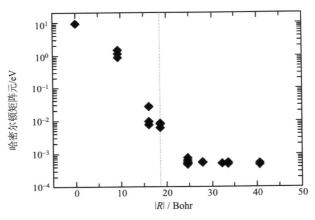

图 4-6　石墨烯哈密顿矩阵的空间衰减

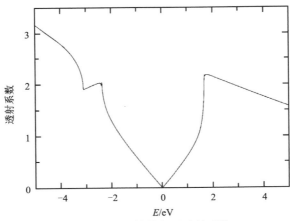

图 4-7　石墨烯的电子透射系数

4.2 石墨烯的热输运特性

4.2.1 温度与石墨烯热导的关系

图 4-8 为石墨烯声子热导随温度的变化曲线。低温下,石墨烯的声子热导主要来自于 ZA 声子支的贡献,其透射系数 $T_{ZA}(\omega) \propto \sqrt{\omega}$,由式(2-31)可以知道 $\kappa_p \propto T^{1.5}$,如图 4-8 插图所示。石墨烯可以看作管径无限大的 CNT,因此低温下其热导小于 CNT 的热导,而高温下热导大于 CNT 的热导。室温下其值为 $4.37 \times 10^9 \mathrm{W \cdot m^{-2} \cdot K^{-1}}$,略大于 CNT 的 $4.2 \times 10^9 \mathrm{W \cdot m^{-2} \cdot K^{-1}}$,与 Jiang 等[3]的计算结果一致。如果按石墨烯室温下的声子平均自由程为 775 nm 计算,则其热导率由 $k = \kappa \ell / A$ 可以得到为 $3387 \mathrm{W \cdot m^{-1} \cdot K^{-1}}$,与实验测量结果[4, 5]一致。

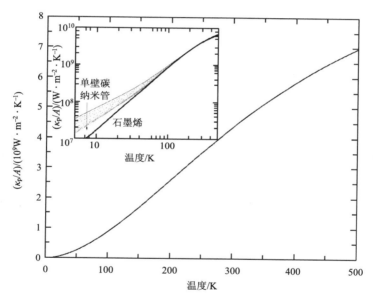

图 4-8 石墨烯的声子热导随温度的变化关系

插图对比了石墨烯与 CNT 的热导,箭头标示出 CNT 直径增大的方向

4.2.2 多层石墨烯的热导

由于石墨烯垂直于层面的振动对面内的振动影响很小,因此,石墨烯不同方向的振动可以分开考虑[6-8]。同理,多层石墨烯(MLG)的热导也可以按层分开考虑。以双层石墨烯(BLG)为例,其 IFC 矩阵为

$$\boldsymbol{\Phi} = \begin{pmatrix} \boldsymbol{\Phi}_{11} & \boldsymbol{\Phi}_{12} \\ \boldsymbol{\Phi}_{21} & \boldsymbol{\Phi}_{22} \end{pmatrix} \quad (4\text{-}1)$$

式中，$\boldsymbol{\Phi}_{11}$ 和 $\boldsymbol{\Phi}_{22}$ 分别为第一层和第二层石墨烯的 IFC；$\boldsymbol{\Phi}_{12}$ 和 $\boldsymbol{\Phi}_{21}$ 分别为两层石墨烯之间的耦合矩阵。那么由 $\boldsymbol{\Phi}_{11}$、$\boldsymbol{\Phi}_{22}$ 和 $\boldsymbol{\Phi}_{12}$ 可以分别求出第一层、第二层石墨烯及层间相互作用对 BLG 热导的贡献。三层石墨烯（TLG）的 IFC 也可以通过类似的方法分解。

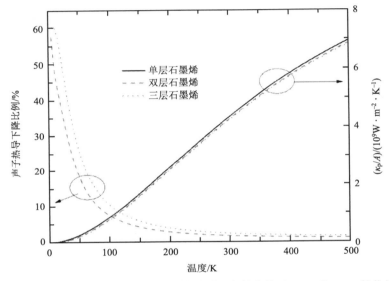

图 4-9　SLG、BLG 和 TLG 的声子热导随温度的变化及 BLG 和 TLG 的热导相对于 SLG 下降的比例

本书首先研究了 SLG、BLG 和 TLG 的热导，以及 BLG 和 TLG 的热导相对于 SLG 下降的比例 ξ，见图 4-9。从图 4-9 中可以看出，BLG 和 TLG 相对于 SLG，其热导都有所降低。因此，层与层之间的相互作用使两层和三层石墨烯的热输运性能下降，由 ξ 随温度的变化可知，低温区下降的较多。这是由于层间的相互作用主要影响的是石墨烯声子的 ZA 模式，使其对热导的贡献降低，而在低温区 ZA 模式的声子热导占主导地位。这可以从 BLG 的声子谱上看出，见图 4-10。BLG 的第二层石墨烯的 3 个声学支在 Γ 点虽然都不为零，但是 TA 和 LA 的态密度很小，对热导影响不大，而 ZA 声子的态密度非常大，并且 ZA_2 在 Γ 点的带隙又大，导致低温下只有一层石墨烯的 ZA 声子对热导有贡献，而另外一层的 ZA 声子尚未被激发，所以，BLG 的热导在低温下相对于 SLG 会明显降低。然而 BLG 和 TLG 的热导相差非常小。

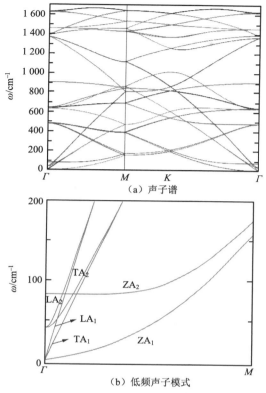

图 4-10 BLG 的声子谱和低频声子模式

    BLG 的两层石墨烯的环境一样,其中一层为第一层,则另一层为第二层。TLG 的表面两层石墨的环境一样,其中任何一层可以称为第一层,而中间一层存在上下两层石墨烯的相互作用,称为第二层。图 4-11 比较了 BLG 和 TLG 的第一层石墨烯的热导。由图 4-11 可知,二者基本没有任何区别,因此,MLG 的层间耦合为近程相互作用,即仅存在于相邻的两层之间。图 4-12 比较了 TLG 的第一层和第二层石墨烯的热导。由图 4-12 可知,TLG 的第二层石墨烯的热导相对更低,这是因为第二层石墨烯存在上下两层石墨烯的耦合作用,对其 ZA 模式声子的影响更大。

    由于 MLG 层间的耦合仅存在于相邻的两层之间,所以,可以通过 MLG 总的热导减去其中每一层的热导来得到层间耦合对 MLG 热导的贡献,如图 4-13 所示。知道了层间的相互作用对热导的贡献就能推出任何层数 MLG 的热导

$$\kappa(n)/A = \frac{2\times\kappa_1+(n-2)\times\kappa_2+(n-1)\times\kappa_3}{a_0\delta n} \tag{4-2}$$

式中,n($n>1$)为层数;a_0 为晶格常数;$\delta = 0.335$ nm;κ_1、κ_2、κ_3 分别为 MLG

表层、内层和层间对热导的贡献,可以由 TLG 的热导分析得到。图 4-14 是不同层数的 MLG 的热导随温度的变化。由图 4-14 可见随着层数的增加,低温区热导下降明显,而高温下不同层数的热导差别变得不明显。图 4-15 是室温下 MLG 的热导随层数的变化。从图 4-15 上可以看出,随着层数的增加,多层石墨烯的热导逐渐降低,最终趋近于石墨的面内热导。层间相互作用使 MLG 热导的减少趋近于 3%。需要指出的是,实验测量得到的多层石墨烯的热导率比单层石墨烯的热导率要小得多。这种不一致存在多方面的原因,本书讨论的是声子的弹道输运,即没有考虑温度引起的非简谐效应的影响,而实验测量的样品尺寸较大,通常以扩散输运为主。而且实验制备的样品通常存在各种缺陷,缺陷对石墨烯的热导影响非常大。此外,MLG 受热沉接触热阻的影响,与 MWCNT 类似,热流可能只在外面几层的石墨烯内通过,而由于层间热导很小,导致内层的石墨烯可能很难有热流通过。因此,综上各方面的原因都将使 MLG 的热导率降低。

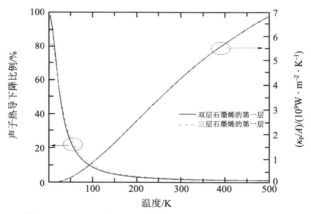

图 4-11　BLG 和 TLG 的第一层石墨烯热导的比较

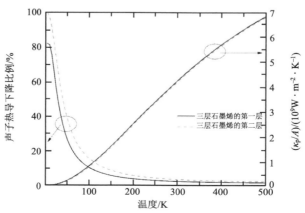

图 4-12　TLG 的第一层和第二层石墨烯热导的比较

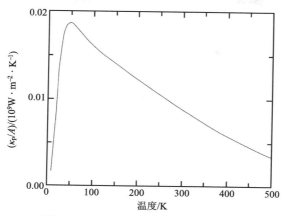

图 4-13　层间耦合作用对 MLG 热导的贡献

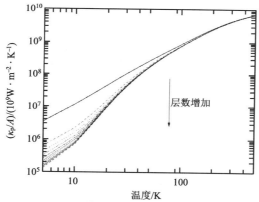

图 4-14　不同层数的 MLG 的热导随温度的变化关系

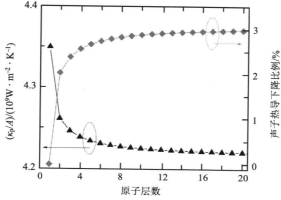

图 4-15　室温下 MLG 的热导随层数的变化关系

4.2.3 基底对石墨烯热导的影响

1. hBN 基底对石墨烯热导的影响

石墨烯在实际应用时常常要将其放置在介电基底上，常用的基底有 SiO_2，但是 SiO_2 基底对石墨烯的电学和热学性质影响都很大（参见第 1 章），而 hBN 基底能够保持石墨烯优异的电学性质[9]，因此，研究石墨烯在 hBN 基底上的热输运性质对石墨烯的实际应用有非常重要的意义。

hBN 的结构与石墨烯的结构相同，晶格常数相差非常小，为 0.7%，在本书的计算中选取二者的晶格常数相同。因此，石墨烯放置于单层 hBN 上的结构（G/hBN BL）相当于 BLG 中的一层被 hBN 取代，见图 4-16（a）。由于结构相同，所以研究 MLG 时分解 IFC 的方法同样适用于 G/hBN 结构。当石墨烯放置在单层 hBN 上时，有两种作用能够影响石墨烯的热输运，其一是 hBN 基底与石墨烯层的耦合；其二是人为选取石墨烯和 hBN 相同的晶格常数导致了石墨烯晶格的扩张，从而产生的张力也会对石墨烯的热输运产生影响。本书计算中分别考虑了张力和耦合作用对石墨烯热导的影响，见图 4-17。由图 4-17 可知，在低温极限下，hBN 的耦合作用使得石墨烯的热导降低将近 100%，这一比例在 100 K 很快降到 15%，随着温度的继续升高，变化非常缓慢，室温下其值为 4%，因此可以说，在室温下 hBN 基底可以保持石墨烯 96%的热导。将石墨烯的晶格常数手动调节到 G/hBN BL 的大小，便可研究张力对石墨烯热导的影响。从图 4-17 上可以看出，张力对石墨烯热导的影响在温度低于 30 K 时比较明显，室温下热导下降的比例仅为 1%。如果去掉张力带来的影响，hBN 基底的耦合作用使石墨烯的热导下降的比例为 3%，与 MLG 层间相互作用的影响相同。

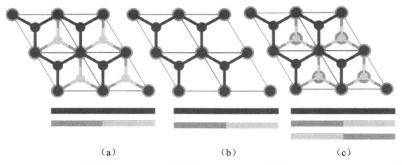

图 4-16 （a）AB 堆叠和（b）AA 堆叠的 G/hBN 双层结构及（c）G/hBN 三层结构
其中包含两层 hBN，并且以 AB 方式堆叠。图中黑色、深灰色和浅灰色分别代表碳原子、硼原子和氮原子

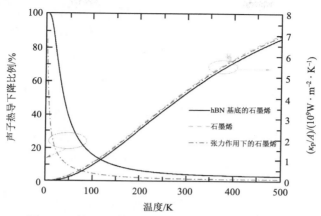

图 4-17　单层 hBN 基底及张力对石墨烯热导的影响

为了分析 hBN 的耦合作用对石墨烯热导影响的机理，本书对比了石墨烯放置在 hBN 上时和石墨烯的本征声子谱、声子透射系数及谱态密度（Spectral DOS），其中 $\text{SpectralDOS} = -(1/\pi)\,\text{Im}\,G$，见图 4-18。从声子谱上可以看出，二者的区别主要有两个区域，1 300 cm^{-1} 以上的高频区及低频的 ZA 声子模式。hBN 基底的存在使石墨烯的高频声子产生 40 cm^{-1} 的蓝移，这主要是张力导致的，而且高频声子对室温下石墨烯的热导的贡献可以忽略。由于 hBN 的存在，ZA 声子支由抛物线形变成了线性。张力会降低 ZA 声子的态密度但是不会改变其抛物线形，因此，ZA 声子支的线性化主要是由 hBN 的耦合作用导致。从声子的透射系数图和谱态密度图上可以看出，这种耦合作用过滤掉了大部分的低频声子，因此，对石墨烯在低温下的热导影响很大。hBN 基底对 200～1300 cm^{-1} 的声子基本没有影响，而这一区域的声子是室温时石墨烯热导的主要来源，因此室温下 hBN 基底对石墨烯热导的影响很小。

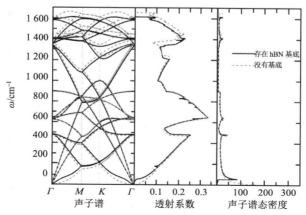

图 4-18　石墨烯的声子谱、声子透射系数及谱态密度在存在 hBN 基底与没有基底时的比较

本书还研究了不同的堆叠方式及 hBN 基底的层数对石墨烯热导的影响，见图 4-19 和图 4-20。G/hBN BL 的堆叠方式有两种：AB 和 AA，如图 4-16。AA 堆叠方式，两层之间的原子相对排列，增加了层间的排斥作用，层间距变为 0.35 nm，大于 AB 的 0.32 nm。相对的 C 和 B 原子之间的力常数由 AB 的 1.12 mRy/Bohr^2 变为 AA 的 0.2 mRy/Bohr^2。层间相互作用减弱，因此，AA 堆叠方式对石墨烯热导的影响比 AB 堆叠方式略小。图 4-20 比较了 hBN 基底分别为单层时和双层时对石墨烯热导的影响。从图 4-20 中可以看出，hBN 层数对石墨烯的热导基本没有影响，因此，hBN 对石墨烯的耦合作用也仅存在于相邻的两层之间，与 MLG 的层间相互作用相似。

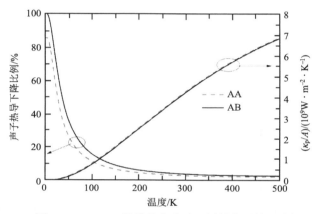

图 4-19　G/hBN 的堆叠方式对石墨烯热导的影响

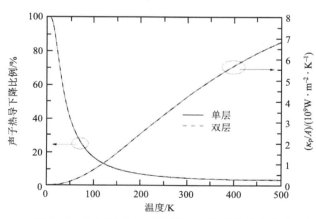

图 4-20　G/hBN 中 hBN 层数对石墨烯热导的影响

2. SiC 的基底效应

在实验中，通常有两种方法用于制备可应用的石墨烯，分别是机械剥离法和外延生长法。第一种利用机械力破坏层状石墨中层与层之间的范德瓦耳斯力,将层状石墨进行分离得到低层数甚至单层的石墨烯片;第二种则是控制石墨烯在 SiC 等基底材料中通过化学气相沉积,缓慢均匀地生长出来的长法[10-13]。外延生长法由于技术成熟而被广泛应用。然而由于与基底材料的近距离接触,基底材料与石墨烯层不可避免地产生了耦合作用[14, 15]。当通过外延生长法制备的石墨烯材料用于电子器件中,基底材料产生的耦合作用会影响石墨烯层的热输运特性,进而对散热应用造成巨大的影响[16-18]。正因如此,研究基底材料对石墨烯层热输运特性的影响机制具有重要意义,然而在之前的报道中这部分的研究尚且缺乏。在本节中,将以附着于 SiC 基底材料之上的石墨烯层模型为研究对象,探索 SiC 基底效应对石墨烯层热输运特性的影响机制。

为了研究石墨烯层热输运特性受 SiC 基底层的影响,作者建立了位于 SiC 晶体上硅端的双层石墨烯层模型,同时研究了孤立石墨烯体系以作对比。由于石墨烯与 SiC 的晶格参数并不一致,因此,在模型上必须做适当的简化与合理的安排。在 Emtsev 等[13]的文章中,$(6\sqrt{3} \times 6\sqrt{3})R30°$ 的模型被广泛应用于研究石墨烯层和 SiC 晶体的相互作用,但是这个体系过于庞大,不适合用作第一性原理计算的研究,于是被后来学者进行改进而得到了简化模型 $(\sqrt{3} \times \sqrt{3})R30°$ [13, 19, 20]。本书采用了 $(\sqrt{3} \times \sqrt{3})R30°$ 模型,如图 4-21,并将这个模型命名为 2GL/SiC。在 $(\sqrt{3} \times \sqrt{3})R30°$ 模型的单胞中,每个石墨烯层包含 8 个 C 原子,对于与 SiC 直接接触的第一层石墨烯(也称为缓冲层),有 2 个 C 原子与 SiC 层中的 Si 原子直接对齐,另外 6 个 C 原子则相互错开,如图 4-21(b)所示。在 2GL/SiC 模型中,作者将 SiC 晶体在垂直方向上的层数设定为四层,目的是充分考虑 SiC 基底对石墨烯层的影响。

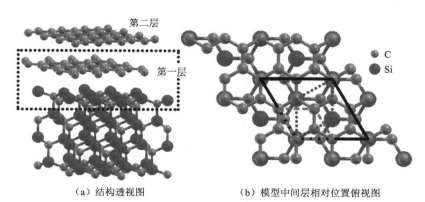

(a) 结构透视图   (b) 模型中间层相对位置俯视图

图 4-21 SiC 基底上石墨烯的结构示意图

有一点必须指出,即使采用了 $(\sqrt{3} \times \sqrt{3})R30°$ 模型来实现石墨烯层与 SiC 晶体的合理排列,石墨烯层与 SiC 晶体的晶格参数仍旧有 8%的不匹配度。因此当 2GL/SiC 模型的晶格参数以石墨烯层作为参考进行设定时,将其称为未受力(Unstrained)

情况；以 SiC 晶体作为参考进行设定时，则称为受力（Strained）情况。由于作者对 SiC 晶体直接接触的缓冲层石墨烯和间接接触的第二层石墨烯都进行了计算，为防止混淆，将其简化命名列在表 4-1 中。相应地，作为对比的孤立石墨烯体系也应当有未受力与受力两种情况，如表 4-2 所示。

表 4-1 四种情况下的 2GL/SiC 体系

条件	石墨烯层	标记
未受力	第一层	情况 A
	第二层	情况 B
受力	第一层	情况 C
	第二层	情况 D

表 4-2 两种孤立石墨烯体系

条件	标记
未受力	情况 I
受力	情况 II

在这部分工作中，作者采用 Quantum ESPRESSO 软件对 2GL/SiC 进行计算，选用模守恒赝势函数，并将总能和电子密度截断能设定为 85 Ry 和 360 Ry。在结构优化过程中，分别按照石墨烯和 SiC 晶体的参数设定 2GL/SiC 模型的晶格参数，包含 4.92 Å（未受力下）和 5.33 Å（受力下）两种情况。在自洽计算中选用了 $7\times7\times1$ 的 Monkhorst-Pack 的 k 点网格，在声子计算中则选用了 $3\times3\times1$ 的 Monkhorst-Pack 的 q 点网格。通过密度泛函微扰理论[21]的方法，计算得到了 2GL/SiC 模型的原子间力常数矩阵 K，由三部分组成：SiC 晶体、第一层石墨烯 G_1 和第二层石墨烯 G_2，模型的原子间力常数矩阵可以表示为式（4-3）。

$$K = \begin{pmatrix} K_{SiC} & K_{SiC-G_1} & K_{SiC-G_2} \\ K_{G_1-SiC} & K_{G_1} & K_{G_1-G_2} \\ K_{G_2-SiC} & K_{G_2-G_1} & K_{G_2} \end{pmatrix} \quad (4-3)$$

式（4-3）中，K_{SiC}、K_{G_1} 和 K_{G_2} 分别代表了 SiC 晶体、第一层石墨烯 G_1 和第二层石墨烯 G_2 的层内力常数矩阵，其他项则代表了层与层之间的声子耦合项。在这里，作者对整个模型的力常数矩阵应用了声学加和规则（Acoustic Sum Rule），并通过自行编写的程序将 K_{G_1} 和 K_{G_2} 分别提取出来，以此来研究第一层石墨烯和第二层石墨烯层的层内热输运特性（参考附录二中的 TranPh2Kappa.f 90 小程序）。对于孤立石墨烯层的，计算步骤则简单许多，只需在结构优化的前提下计算得到孤立石墨烯体系的原子间力常数矩阵则可。

图 4-22 展示了几种情况下的石墨烯的声子谱与透射系数图,其中孤立石墨烯用黑色实线表示,而 SiC 基底上的石墨烯层的用虚线表示。对于二维体系的石墨烯而言,低频区的声子谱中主要由 3 条声学声子模构成,分别表示为纵波 LA、横波 TA 和弯曲振动模式 ZA,如图 4-22(a)所示。对比图 4-22(a)和图 4-22(d)中的实线部分,可以看到石墨烯的声子谱截断频率受拉伸应力影响从 1 600 cm^{-1} 降低到 1 200 cm^{-1},同时在低频区 3 个声学声子模曲线都变得更陡峭,截断频率被降低。正如前面所描述的,室温下声子输运特性主要受声学声子模决定,因此拉伸应力将对石墨烯的热输运产生直接影响。经计算得到未受力下孤立石墨烯的单位截面积热导值 κ/A 为 4.284 GW·m^{-2}·K^{-1},而受力下孤立石墨烯的单位截面积热导值则为 3.926 GW·m^{-2}·K^{-1},在这里拉伸应力对孤立石墨烯层的声子热导降低作用为 8.4%。

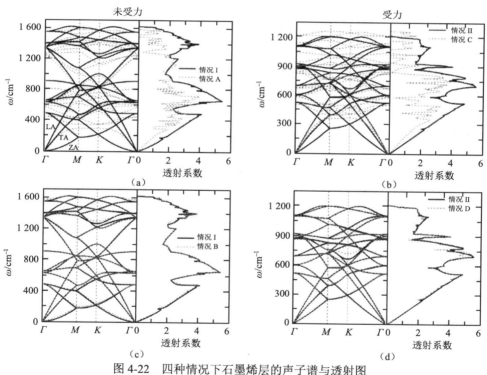

图 4-22 四种情况下石墨烯层的声子谱与透射图

孤立石墨烯的声子谱以黑色实线画出

由图 4-22(a)可以看出 SiC 基底材料对第一层石墨烯的影响。第一层石墨烯的声子谱中 ZA 模严重变形但 LA、TA 模则变化不大,然而在石墨烯中 ZA 模确实是对声子热导起关键性作用的声子模式[22]。另外还可以看到,低频区(<500 cm^{-1})的声子谱有向高频移动的趋势,而中频区(500~1 400 cm^{-1})的声子谱却有向低

频移动的趋势。在拉伸应力下，高频区（>1150 cm^{-1}）的声子模有被拉高的现象，也导致了该情况下的石墨烯层具有较高的声子截断频率，如图 4-22（c）所示。结合以上描述，SiC 基底材料对第一层石墨烯的热输运特性影响很大，从其透射值远小于孤立石墨烯的情况便可以看到。同时由图 4-22（b）和图 4-22（d）可以看出不管拉伸应力是否存在，SiC 基底材料对第二层石墨烯的影响都非常小，基本在可忽略范围内。第二层石墨烯的声子谱和声子透射图基本都与孤立石墨烯的情况相同，这主要是因为石墨烯层与层之间是弱的范德瓦耳斯力作用。

通过分析可以知道，基底效应取决于基底材料的种类，以及基底与石墨烯层相互作用的强度[11]，这与之前的相关报道吻合。Guo[15]等利用非平衡分子动力学研究了 SiC 基底上石墨烯纳米条带的热导率，并发现基底材料极大幅度降低了第一层石墨烯的热导率，却对第二层石墨烯影响甚小。Chen 和 Kumar[16]一起利用平衡分子动力学研究了铜基底对石墨烯热导率的影响，发现由于基底效应，石墨烯层的热导率降低了 44%。虽然密度泛函理论与分子动力学有差异，但密度泛函理论考虑了电子作用，更能准确地描述在低维尺度下，基底材料与石墨烯层之间的耦合作用，这些结果无疑都验证了作者这部分研究的合理性。本书将 2GL/SiC 模型中第一层石墨烯和第二层石墨烯的声子热导值随温度变化曲线展示在图 4-23 中，并定义热导降低比例 δ 来表示基底效应对石墨烯层热导值的降低程度。

$$\delta = (\kappa_s - \kappa_e)/\kappa_s \tag{4-4}$$

其中，κ_s 是孤立石墨烯的热导值，而 κ_e 是受 SiC 基底作用的石墨烯层的热导值。

如图 4-23 和表 4-3 所示，受 SiC 基底材料影响，第一层石墨烯室温下的热导降低比例为 30%～40%。SiC 基底与六方氮化硼基底的作用在机制[11]上存在不同，六方氮化硼基底对石墨烯层的作用为弱的范德瓦耳斯力作用，而 SiC 基底则不然。通常情况下，C-Si 键的键长大约为 1.86 Å[23]，而 2GL/SiC 模型中第一层石墨烯于 SiC 晶体的平均距离为 2.30 Å（未受力情况下）和 2.27 Å（受力情况下），石墨烯中 C 原子与 SiC 中 Si 原子最小距离为 1.99 Å。一方面，第一层石墨烯上的 C 原子与对齐排列的 Si 原子之间几乎形成 C-Si 键；另一方面，第一层石墨烯层明显褶皱，未对齐的 C 原子和 Si 原子之间是弱的范德瓦耳斯力作用。综合这两方面，说明 SiC 的基底效应介于弱的范德瓦耳斯力作用和强的化学键作用之间。而对于第二层石墨烯，由于石墨烯层与层之间的距离约为 3.56 Å（未受力情况下）和 3.24 Å（受力情况下），层间作用为弱的范德瓦耳斯力作用，这也是 SiC 基底效应在第二层石墨烯上基本可以忽略的原因。

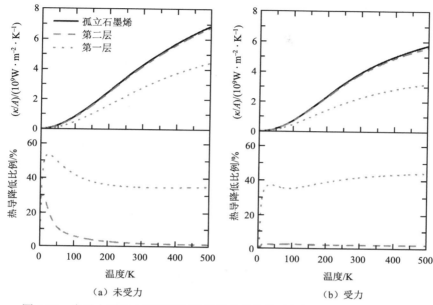

图 4-23 未受力及受力情况下石墨烯层的单位截面积热导值与热导降低比例

表 4-3 室温下单位截面积热导值与热导降低比例

情况	单位截面积热导 $GW \cdot m^{-2} \cdot K^{-1}$	热导降低比例/%
情况 I	4.284	—
情况 A	2.786	35%
情况 B	4.199	2%
情况 II	3.926	—
情况 C	2.278	42%
情况 D	3.836	2%

4.2.4 电子对石墨烯热导的贡献

由石墨烯的电子透射系数（图 4-7）可以得到电子对石墨烯热导的贡献，如图 4-24 所示。室温下，当 $\mu = 0$ 时，电子对热导的贡献为 $0.17 \times 10^9 \, W \cdot m^{-2} \cdot K^{-1}$，仅占石墨烯总热导的 3.7%，因此室温下电子对石墨烯的热导可以忽略。随着化学势的增加，电子对热导的贡献增加，并且与温度呈线性关系，说明石墨烯的电子热导也表现出量子化态。

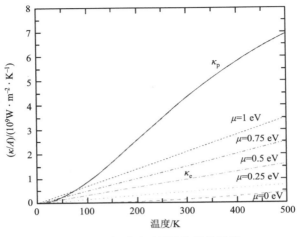

图 4-24 电子对石墨烯热导的贡献

4.3 石墨烯的热电性能

4.3.1 石墨烯本身的热电性质

图 4-25 为典型温度下石墨烯的电导随化学势的变化关系图。石墨烯的电导以 CNP 对称分布,并且随着化学势呈线性变化[24]。在 CNP 点,石墨烯存在一个随温度变化的最小电导率[24-27]。CNP 点附近,石墨烯的电导随温度的增加而增加,在其他化学势下,石墨烯的电导基本不随温度变化。

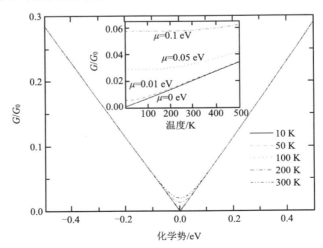

图 4-25 典型温度下石墨烯的电导随化学势的变化关系图

插图为不同化学势下,石墨烯电导随温度的变化关系

图 4-26 为石墨烯的泽贝克系数随着化学势和温度变化的等值线图。图 4-23 上出现两条对称分布于 CNP 点两侧化学势为几个 k_BT 大小处的高亮带,并且高亮带随着温度的升高而发散。两个高亮带分别对应着电子和空穴导电时|S|的最大值。为了进一步分析温度和化学势对石墨烯 S 的影响,图 4-27 和图 4-28 分别给出了不同温度及不同化学势下石墨烯 S 的变化。不同温度下,S 随着化学势的变化,按 CNP 点呈反对称变化。室温下石墨烯的 S 为 80 μV·K^{-1},与实验结果[28]一致,然而在 CNP 附近,实验测量 S 的最大值随温度的增加而增加,这是在实验中,随着化学势的降低接近电子的非简并态时,石墨烯会产生一些电子-空穴坑[29]的缘故。从图 4-28 中可以看出,在 CNP 附近,S 随着温度的增加先线性降低而后慢慢增加,而当 $\mu > 0.1$ eV 时,S 在整个温度区间呈线性变化,并可以很好地用 Mott 公式来解释。

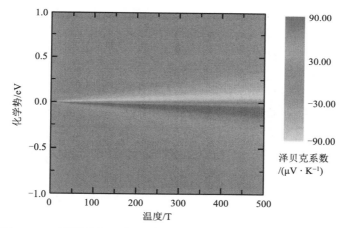

图 4-26 石墨烯的泽贝克系数随着化学势和温度变化的等值线图

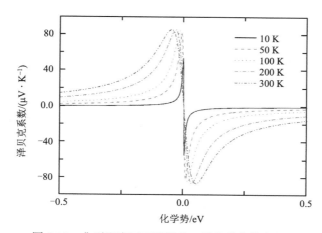

图 4-27 典型温度下石墨烯的 S 随化学势的变化图

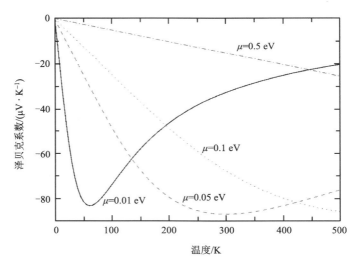

图 4-28　不同化学势下石墨烯的 S 随温度的变化关系图

石墨烯 ZT 的最大值同样对称地出现在 CNP 点两侧，如图 4-29 和图 4-30 所示。ZT 随着温度的增加而增大，其最大值的位置也随着温度的增加偏移向高化学势处 $\propto k_{\rm B}T$，与 S 的最值位置相对应，体现了明显的金属特性。室温下，石墨烯的 ZT 为 0.009 4，此时 $\mu=\pm 0.075$ eV。虽然石墨烯的 ZT 很低，但是 GNR 的带隙可调控性很强，其热电性质通过适当的调节可以实现大幅度的提高（见第 1 章）。

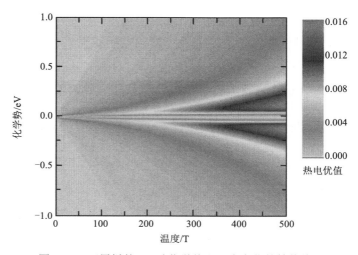

图 4-29　石墨烯的 ZT 随化学势和温度变化的等值线图

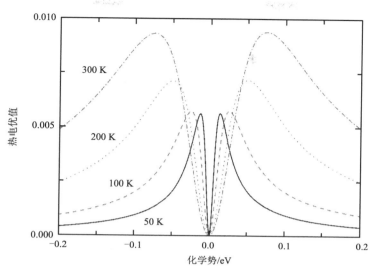

图 4-30　典型温度下石墨烯的 ZT 随化学势的变化

4.3.2　石墨烯-hBN 超晶格（G-hBN）的热电性质

如果石墨烯单胞中两个碳原子的亚晶格对称性被破坏，往往能使其能带产生一定的带隙。因此，本书利用超晶格结构通过 hBN 层对石墨烯层的相互作用来破坏这种对称性，从而使石墨烯表现出一定的半导体性质，进而提高其热电性质。图 4-31 为 G-hBN 超晶格结构，其中在垂直于石墨烯平面方向上，石墨烯和 hBN 以 AB 的方式交替堆叠。

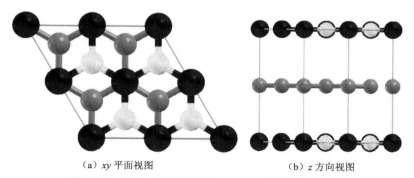

（a）xy 平面视图　　　　　　　（b）z 方向视图

图 4-31　G-hBN 超晶格超胞（2×2）的结构图

其中，黑、深灰和浅灰色小球分别代表 B、C 和 N 原子

图 4-32 为 G-hBN 超晶格 Dirac 点附近的能带图和其电子透射系数图。从图 4-32 上可以看出，在费米能级处，G-hBN 超晶格的导带和价带被打开，出现一

个 0.2 eV 的带隙，从电子的透射系数图上也可以看到相应的带隙。另外，由于带隙的存在，相应的电子透射系数相对于石墨烯有所下降，所以，G-hBN 超晶格的导电性下降。

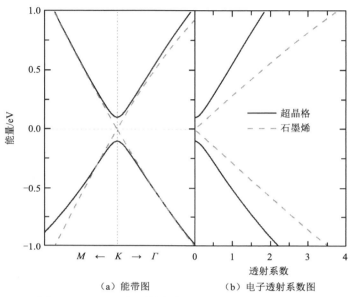

(a) 能带图　　　　(b) 电子透射系数图

图 4-32　G-hBN 超晶格的能带图和电子透射系数图
其中透射系数为截面积的约化值

由于层间相互作用的存在，石墨烯的声子热导相应地降低，如图 4-33 所示。与 hBN 基底对石墨烯热导的影响类似，G-hBN 超晶格的热导在低温下相对于石墨烯降低的更为明显，而在 200 K 以上，降低的比例 ζ 趋于 5%。

G-hBN 的电子透射系数相对于石墨烯有所降低，其电导和电子热导与电子的透射系数相对应均出现不同程度的降低，如图 4-34（a）和图 4-34（b）所示。然而由于 G-hBN 带隙的打开，其泽贝克系数得到了明显的提升，室温下其最大值为 0.3 mV·K^{-1}，与石墨烯的 80 μV·K^{-1} 相比提高了 3.75 倍，见图 4-34（c）。与石墨烯相比，G-hBN 的电子热导、声子热导降低，泽贝克系数升高，而电导有所降低，前三者有利于热电性质的提高，而后者则会使 ZT 下降，从最终的结果来看，这种超晶格结构使得石墨烯的热电性能得到了提升，如图 4-34（d）所示，因此，前三者对 ZT 的增强作用胜过了后者对 ZT 的减弱作用。G-hBN 室温下 ZT 的最大值为 0.013，比石墨烯的 0.009 4 提升了 44%。因此，将石墨烯进行超晶格结构改造能够有效地提升其热电性能。

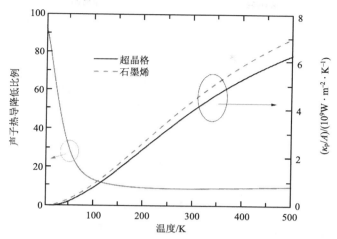

图 4-33　G-hBN 与石墨烯的声子热导的比较

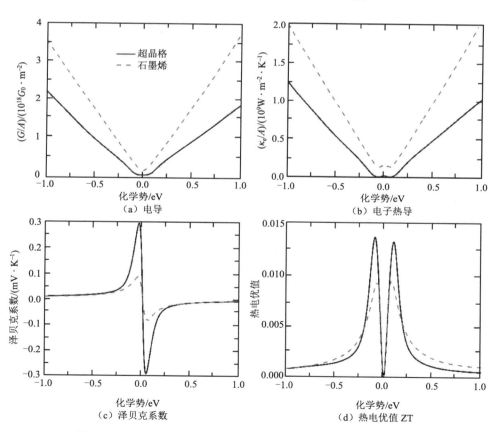

图 4-34　G-hBN 的热电因子随化学势的变化（并与石墨烯对比）

4.4 键-键连接石墨烯功能化条带

实际应用中，石墨烯的热输运性能远远低于其理论值，这取决于多个因素，包括石墨烯的空间网状交叉结构、杂质掺杂散射及片状边缘的高热阻等，而对于单层石墨烯，边缘处的界面热阻是制约其热输运特性的主要因素。在此，本书试图通过石墨烯片边缘处的连接进行深入的研究，主要是指利用官能团将石墨烯的边缘通过键-键方式连接起来，以求降低界面热阻，维持片状石墨烯的高热导值。由于此模型体系具有极大数目的原子，庞大的计算量受限于有限的计算资源，仅靠密度泛函微扰理论来研究其声子输运特性是不现实的，所以本书选用基于线性组合原子轨道方法的 Siesta 软件来对该体系进行研究。由于本书关注的主要是热输运，所以接下来只对声子输运做详细分析。首先通过 Quantum ESPRESSO 软件对界面连接石墨烯体系进行优化，采用平面波的方法能比线性组合原子轨道方法更有效地得到能量最优化结构；然后将优化后的结构导入 Siesta 软件中，进行声子计算以得到原子间力常数矩阵；再通过 WanT 软件计算声子透射系数；最后用朗道尔公式计算声子热导值，以此来研究热输运特性。

在本节中，选用一维石墨烯条带代替二维石墨烯是基于非平衡格林函数法的考虑，使用石墨烯条带而非二维石墨烯使得在计算输运过程中无须考虑其二维扩展性，能大大减小计算量，同时因为石墨烯条带与石墨烯片的热输运特性非常相似，所以研究了基于多种键-键作用连接的石墨烯条带也能得到合理的结果。另外，在界面热阻的研究中关键点是键-键连接的部分，因此采用一维的条带模型代替二维的石墨烯模型得到的结果也是接近的。用于石墨烯条带键-键连接的功能团包括有机官能团和金属原子官能团，详细结构参数及命名简称如表 4-4 所示。

表 4-4 键-键连接官能团及简称

类型	结构组成
有机官能团	—OOC—C_2H_4—COO—
	—OOC—C_6H_4—COO—
	—O—C_6H_4—COO—
金属原子官能团	—M—
	—O—M—O—

4.4.1 有机功能团连接

实验中通过氧化还原法制备得到的石墨烯片在表面及边缘处会存在不少官

能团，主要包括羟基、羧基、环氧基、氢化原子等。若想通过键-键连接的形式使得石墨烯条带通过官能团连接，最先考虑的便是通过酯化反应脱水来形成酯键（—COO—）的方法（如—OOC—C_2H_4—COO—和—OOC—C_6H_4—COO—）。同时为了使得连接起来的石墨烯条带保持处于平面状态以保证二维平面结构，本书试图通过共轭键方式来连接这些酯键，共轭键在连接石墨烯条带两边的大 π 键上可以起到桥梁作用，使得电子的输运能有效通过，以保证高输运特性。另外则是通过羟基直接连接，官能团一端表现为氧基（如—O—C_6H_4—COO—）。通过对官能团连接的石墨烯条带模型进行声子计算，可以得到单位截面积热导值，以此来研究热输运性能。这里采用的是条带宽度为 4 的锯齿形石墨烯条带（GNR，$N=4$），这是综合考虑了条带宽度对条带稳定性和计算量的影响而作出的选择，同时在石墨烯条带两端通过氢原子进行钝化，使得边缘的孤电子与氢原子成键以保证体系的稳定性。

上面所提到的三种有机官能团用于连接石墨烯条带的模型如图 4-35 所示，分别命名为—OOC—C_2H_4—COO—、—OOC—C_6H_4—COO—和—O—C_6H_4—COO—。为了将完美石墨烯条带和键-键连接下石墨烯条带的热输运性能进行比较，本书

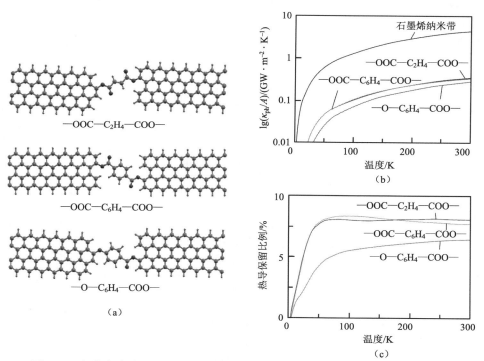

图 4-35　条带宽度为 4 的功能化石墨烯条带，分别通过—OOC—C_2H_4—COO—、—OOC—C_6H_4—COO—和—O—C_6H_4—COO—功能团连接的原子结构示意图

单位截面积热导及热导值保留比例展示在（b）和（c）中

定义了热导保留比例 δ（reserving ratio），为键-键连接下功能化石墨烯条带的热导值 κ_{ph} 与石墨烯条带热导 κ_0 的比值，即 $\delta = \kappa_{ph}/\kappa_0 \times 100\%$。由图 4-35 可知，有机官能团在提高界面热导上效果较差，主要是因为有机官能团的空间位阻较大，使得条带之间的距离较远，声子模式振动难以有效地通过有机官能团进行传递，有机官能团连接下的石墨烯在室温下的热导保留比例处于 6%～8%，其中通过羟基（—O—C$_6$H$_4$—COO—）连接的石墨烯条带在热导保留比例上略低。

4.4.2 金属原子官能团连接

通过之前研究的报道可以知道[30,31]，纳米管及片状材料也可能通过金属原子进行连接，尤其是因为具有 d 轨道电子，而使得过渡金属原子在多个方向上具备成键的可能性。因此，作者设计了如下模型用于石墨烯条带的键-键连接，连接官能团包括金属原子（—M—，直接通过金属原子连接）和金属氧键（—O—M—O—，通过金属氧键连接）。对于前者，作者别研究了 Al、Cr 和 Mo 三种过渡金属原子；对于后者，通过铝氧键来对比分析，金属原子官能团连接的石墨烯条带模型如图 4-36 所示。

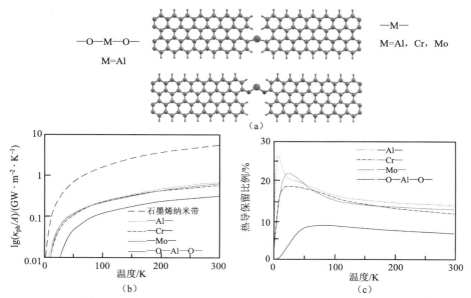

图 4-36 条带宽度为 4 的功能化石墨烯条带，分别以—M—和—O—M—O—功能团连接的原子结构示意图

其中单位截面积热导值及热导值保留比例分别展示在（b）和（c）中

可以看出，由于金属原子占用空间位置较小，石墨烯条带之间距离很近，声子模式振动能有效地通过官能团进行传递，通过金属原子官能团连接的石墨烯条

带在室温下的单位截面积热导值相对较高。对于—M—连接，热导值保留比例为 10%～15%，远高于通过有机官能团连接的情况；而对于—O—M—O—连接，热导保留比例接近 7%，与有机官能团连接的情况接近。

4.4.3 条带宽度的影响

不同条带宽度的石墨烯条带在功能团的键-键连接作用下是否出现不同的热输运影响呢？带着这个疑问，本书选择通过—OOC—C_2H_4—COO—官能团进行连接的石墨烯条带来研究当条带宽度从 3 增加到 5 时的热输运特性，如图 4-37 所示，同时也对同样宽度的完美石墨烯条带进行研究用作对比。随着条带宽度的增大，完美石墨烯条带的单位截面积热导值基本保持不变，室温下接近 $4\,GW\cdot m^{-2}\cdot K^{-1}$，而通过键-键连接的石墨烯条带的热导值出现了振荡，在 $0.3\sim0.5\,GW\cdot m^{-2}\cdot K^{-1}$ 范围内波动，热导保留比例则在 8%～12% 范围内波动。这表明对于条带宽度较窄的石墨烯条带，通过官能团连接后热导保留比例主要取决于键-键连接的界面，而条带宽度的影响相对较小，这暗示着界面热阻才是对官能团连接的石墨烯条带热输运特性起决定性作用的因素。

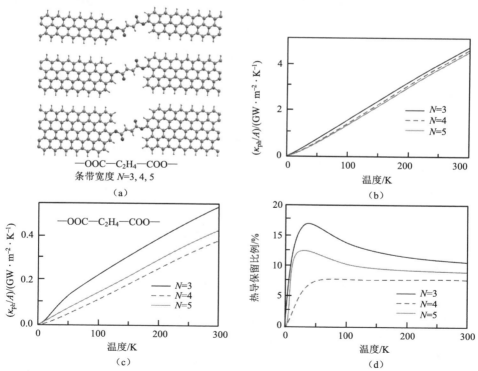

图 4-37 （a）以—OOC—C_2H_4—COO—键连接的条带宽度从 3 到 5 的功能化石墨烯条带模型
其中石墨烯条带的热导值、功能化石墨烯条带的热导值及热导值保留比例分别展示在（b）和（d）中

4.5 硅烯与锗烯

4.5.1 二维单层结构

石墨烯的发现带动了研究学者对二维材料领域的高度关注,很快注意到了与碳同一主族的硅和锗元素,紧接着以硅和锗组成的二维材料硅烯和锗烯也得到了密切的关注。图 4-38 为硅烯和锗烯的结构示意图,呈现了带褶皱起伏的二维结构,归属为六方晶格体系,单胞包含两个原子,通过俯视图,可以看出其与石墨烯结构非常类似。

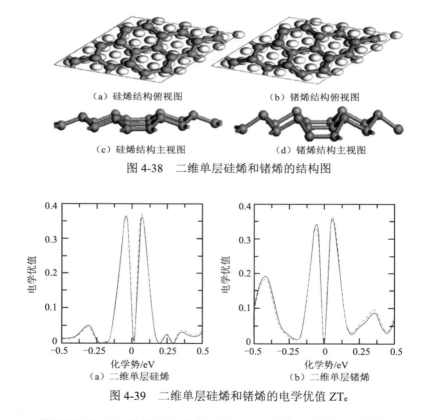

(a) 硅烯结构俯视图　　　　(b) 锗烯结构俯视图

(c) 硅烯结构主视图　　　　(d) 锗烯结构主视图

图 4-38　二维单层硅烯和锗烯的结构图

(a) 二维单层硅烯　　　　(b) 二维单层锗烯

图 4-39　二维单层硅烯和锗烯的电学优值 ZT_e

Yang[32]等利用玻尔兹曼输运方法研究了二维单层硅烯和锗烯的相关特性,结果显示硅烯是窄带隙的半导体,而锗烯呈现了零带隙金属性,这些电学性质显示这两类二维材料并不适合于热电领域,对其电学优值进行计算表明硅烯在室温下最大电学优值(电学优值 ZT_e 代表的是热电优值的上限值)为 0.35,而锗烯为 0.41。

4.5.2 一维条带结构

既然二维的硅烯和锗烯并不适用于热电领域,那么低维化处理的一维条带体系的性能又如何呢?图 4-40 为一维硅烯的结构示意图,同样具有扶手椅型和锯齿型两种条带,用 N 来表示条带宽度。Pan 等[33]对一维硅烯进行深入研究,用 N-ASiNR 和 N-ZSiNR 分别表示宽度为 N 的扶手椅型和锯齿型硅烯条带,随着条带宽度的增大,N-ASiNR 和 N-ZSiNR 的电子带隙呈现了不同的规律:N-ZSiNR 的电子带隙随着宽度增大而缓慢减小;而 N-ASiNR 的电子带隙则随着宽度的增大而呈现振荡式的减小,具体表现为当 $N=3p+1$(p 为正整数)时,N-ASiNR 具有最大的电子带隙,当 $N=3p+1$ 时,N-ASiNR 具有最小的电子带隙,如图 4-41 所示。

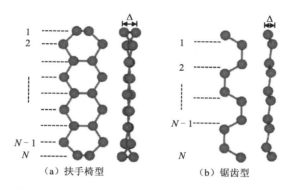

(a) 扶手椅型　　(b) 锯齿型

图 4-40　扶手椅型与锯齿型硅烯条带的结构模型

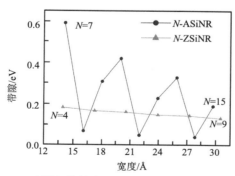

图 4-41　硅烯条带的电子带隙值随条带宽度增大的变化曲线

随后 Pan 等[33]对一维硅烯条带的热输运及热电性能也进行了探索,发现随着 N 的增大,单胞中原子数目和声子热导值均增大,如图 4-42 所示。在热电性能方面,随着条带宽度的增大,扶手椅型硅烯条带的热电优值呈现了振荡减小的趋势,在条带宽度为 7 时具有最好的热电性能,热电优值接近 2.8。而锯齿型条带的热电优值则随着条带宽度增大而缓慢减小,在条带宽度为 4 时有最好的热电性能,热电优值接近 1.8。热电优值所呈现出来的规律与电子带隙值的非常类似,这主要来源于泽贝克系数与电子带隙值的正相关关系,同时不同条带宽度的硅烯条带在热输运性能上则相差不大。另外,Yang 等[32]也继续了一维锗烯条带的研究工作,发现一维锗烯条带也展示出与一维硅烯类似的规律,即锯齿型锗烯条带随着条带宽度增大而缓慢减小,而扶手椅型锗烯则呈现了振荡减小的趋势,如图 4-43 所示。

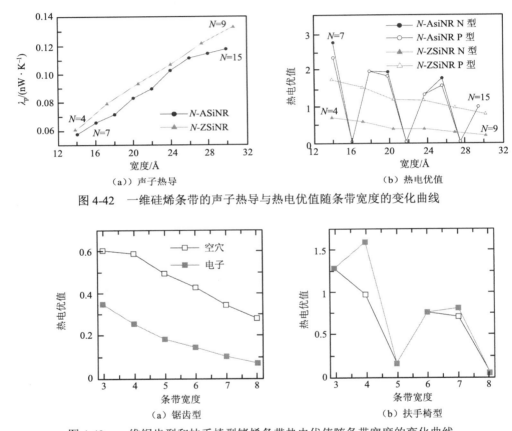

图 4-43 一维锯齿型和扶手椅型锗烯条带热电优值随条带宽度的变化曲线

参 考 文 献

[1] 王晓明. 低维碳材料热及热电输运的第一性原理研究[D]. 广州:中山大学. 2014.

[2] 陈楷炫. 二维材料热特性的第一性原理研究[D]. 广州:中山大学. 2017.

[3] Jiang J W, Wang J S, Li B W. Thermal conductance of graphene and dimerite[J]. Phys Rev B, 2009, 79(20):

205418.

[4] Balandin A A, Ghosh S, Bao W Z, et al. Superior thermal conductivity of single-layer graphene[J]. Nano Lett, 2008, 8(3): 902-907.

[5] Ghosh S, Calizo I, Teweldebrhan D, et al. Extremely high thermal conductivity of graphene: Prospects for thermal management applications in nanoelectronic circuits[J]. Appl Phys Lett, 2008, 92(15): 151911.

[6] Morooka M, Yamamoto T, Watanabe K. Defect-induced circulating thermal current in graphene with nanosized width[J]. Phys Rev B, 2008, 77(3): 033412.

[7] Lindsay L, Broido D A, Mingo N. Flexural phonons and thermal transport in graphene[J]. Phys Rev B, 2010, 82(11): 115427.

[8] Zhang H, Lee G, Cho K. Thermal transport in graphene and effects of vacancy defects[J]. Phys Rev B, 2011, 84(11): 115460.

[9] Dean C R, Young A F, Meric I, et al. Boron nitride substrates for high-quality graphene electronics[J]. Nat Nanotechnol, 2010, 5(10): 722-726.

[10] Mattausch A, Pankratov O. Ab Initio Study of Graphene on Sic[J]. Phys Rev Lett, 2007, 99: 076802.

[11] Wang X M, Huang T L, Lu S S. High Performance of the Thermal Transport in Graphene Supported on Hexagonal Boron Nitride[J]. Appl Phys Express, 2013, 6: 075202.

[12] Ogasawara N, Norimatsu W, Irle S, et al. Growth Mechanisms and Selectivity for Graphene or Carbon Nanotube Formation on Sic (000(1)over-Bar): A Density-Functional Tight-Binding Molecular Dynamics Study[J]. Chem Phys Lett, 2014, 595: 266-271.

[13] Emtsev K V, Speck F, Seyller T, et al. Interaction, Growth, and Ordering of Epitaxial Graphene on Sic{0001} Surfaces: A Comparative Photoelectron Spectroscopy Study[J]. Phys Rev B, 2008, 77: 155303.

[14] Li X, Kong B D, Zavada J M, et al. Strong substrate effects of Joule heating in graphene electronics[J]. Appl. Phys Lett, 2011, 99(23): 233114.

[15] Guo Z X, Ding J W, Gong X G. Substrate effects on the thermal conductivity of epitaxial graphene nanoribbons[J]. Phys Rev B, 2012, 85(23): 235429.

[16] Chen L, Kumar S. Thermal transport in graphene supported on copper[J]. J Appl Phys, 2012, 112(4): 043502.

[17] Varchon F, Feng R, Hass J, et al. Electronic structure of epitaxial graphene layers on SiC: effect of the substrate[J]. Phys Rev Lett, 2007, 99(12): 126805.

[18] Ong Z Y, Pop E. Effect of substrate modes on thermal transport in supported graphene[J]. Phys Rev B, 2011, 84(7): 075471.

[19] Forti S, Emtsev K V, Coletti C, et al. Large-area homogeneous quasifree standing epitaxial graphene on SiC(0001): electronic and structural characterization[J]. Phys Rev B, 2011, 84(12): 125449.

[20] Magaud L, Hiebel F, Varchon F, et al. Graphene on the C-terminated SiC (000$\bar{1}$) surface: an ab initio study[J]. Phys Rev B, 2009, 79(16): 161405.

[21] Baroni S, Giannozzi P, Isaev E. Density-dunctional perturbation theory for quasi-harmonic calculations[J]. Rev Mineral Geochem, 2010, 71(1): 39-57.

[22] Lindsay L, Li W, Carrete J, et al. Phonon thermal transport in strained and unstrained graphene from first principles[J]. Phys Rev B, 2014, 89(15): 155426.

[23] Allen F H, Kennard O, Watson D G, et al. Tables of bond lengths determined by X-ray and neutron diffraction.

Part 1. Bond lengths in organic compounds[J]. J Chem Soc, Perkin Trans 2, 1987, (12): S1-S19.

[24] Novoselov K S, Geim A K, Morozov S V, et al. Two-dimensional gas of massless Dirac fermions in graphene[J]. Nature, 2005, 438(7065): 197-200.

[25] Tan Y W, Zhang Y, Bolotin K, et al. Measurement of Scattering Rate and Minimum Conductivity in Graphene[J]. Phys Rev Lett, 2007, 99: 246803.

[26] Herbut I F, Juričić V, Vafek O. Coulomb Interaction, Ripples, and the Minimal Conductivity of Graphene[J]. Phys Rev Lett, 2008, 100: 046403.

[27] Muller M, Brauninger M, Trauzettel B.Temperature Dependence of the Conductivity of Ballistic Graphene[J]. Phys Rev Lett, 2009, 103: 196801.

[28] Zuev Y M, Chang W, Kim P. Thermoelectric and magnetothermoelectric transport measurements of graphene[J]. Phys Rev Lett, 2009, 102(9): 096807.

[29] Martin J, Akerman N, Ulbricht G, et al. Observation of Electron-Hole Puddles in Graphene Using a Scanning Single-Electron Transistor[J]. Nat Phys, 2008, 4: 144-148.

[30] Li E Y, Marzari N. Improving the electrical conductivity of carbon nanotube networks: a first-principles study[J]. ACS Nano, 2011, 5(12): 9726-9736.

[31] Sudeep P M, et al. Covalently interconnected three-dimensional graphene oxide solids[J]. ACS Nano. 2013, 7(8): 7034-7040.

[32] Yang K, Cahangirov S, Cantarero A, et al. Thermoelectric properties of atomically thin silicene and germanene nanostructures[J]. Phys Rev B, 2014, 89(12): 125403.

[33] Pan L, Liu H J, Tan X J, et al. Thermoelectric properties of armchair and zigzag silicene nanoribbons[J]. Phys Chem Chem Phys, 2012, 14(39): 13588-13593.

第 5 章 石墨炔和石墨炔纳米管

5.1 石墨炔

5.1.1 石墨炔的透射系数

石墨炔输运的计算采用 DFT/DFPT-NEGF 方法[1, 2]。石墨炔单胞中有 12 个碳原子，晶格常数 $a_0 = 6.87$ Å，参见图 1-19（c）。DFT 的计算量相对于石墨烯单胞要大得多，因此，计算中采用 PBE 的超软赝势，能量截断为 50 Ry，k 点网格为 $8\times8\times1$，q 点网格为 $8\times8\times1$，其他参数与石墨烯的计算相同。图 5-1 为计算的石墨炔的声子谱。由图 5-1 可知，DFT 计算得到的石墨炔的 3 个声学声子支在 Γ 点为零，没有虚频。此外，声子的色散在 2 200 cm^{-1} 处出现几条平缓的谱带，此处为 sp 碳碳键的振动。图 5-2 比较了石墨炔与石墨烯的 3 个低频声子支在 Γ 点附近的色散，可以看出石墨炔声学声子的群速度，即曲线的斜率，均比石墨烯的要低，即石墨炔的声子支更加软化。

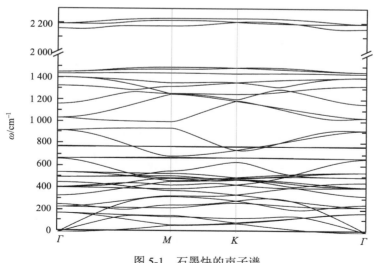

图 5-1 石墨炔的声子谱

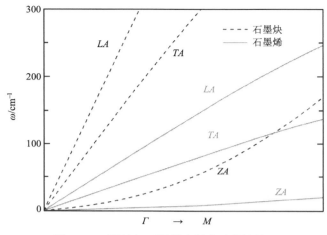

图 5-2　石墨炔与石墨烯声学声子的比较

与石墨烯类似，本书同样研究了石墨炔 IFC 的空间衰减情况，见图 5-3。石墨炔的 IFC 在空间也呈指数衰减，当 $R>26$ Bohr 时，IFC 仅为 $R=0$ 时的千分之一，因此可以忽略。此距离为两个石墨炔单胞的大小，因此，在声子的 NEGF 计算中选取一个单胞作为一个 PL 足以满足紧邻相互作用的要求。由 DFPT 得到的石墨炔 IFC 同样进行了与石墨烯 IFC 类似的校正。IFC 校正前后得到的声子透射系数并没有明显的区别，如图 5-4 所示。

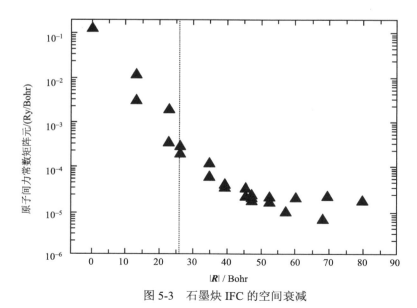

图 5-3　石墨炔 IFC 的空间衰减

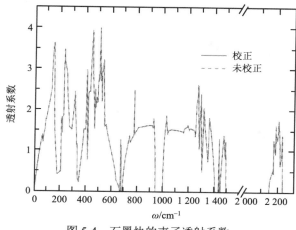

图 5-4　石墨炔的声子透射系数

石墨炔电子哈密顿矩阵的计算,同样采用 MLWF。计算中选取了 27 个 Wannier 函数,其中 15 个 gauss 型的 Wannier 函数的中心位于碳碳键的中点,另外 12 个原子型的 Wannier 函数的中心位于每个原子的位置上。冻结窗口选在费米能级以上 3 eV 处。最终得到的 MLWF,局域性很好,所有 MLWF 在空间的平均伸展 Ω 小于 3.4 Bohr^2,最大的 MLWF 的伸展 Ω 小于 5.5 Bohr^2。图 5-5 为由 MLWF 得到的石墨炔的电子能带与其 Bloch 能带的对比。由图 5-5 可知,冻结窗口以内由 MLWF 得到的能带与相应的 Bloch 能带吻合很好,说明了 MLWF 的合理性。从图 5-5 中还可以看出,在布里渊区的 M 点,0.46 eV 的带隙被打开,因此石墨炔具有半导体的性质。图 5-6 为石墨炔的哈密顿矩阵在空间的衰减情况,可见选取一个单胞作为一个 PL 对于电子 NEGF 的计算也能够满足紧邻相互作用的要求。

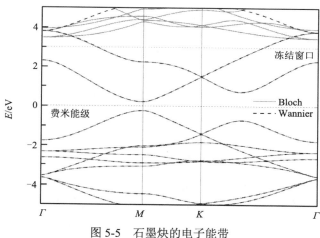

图 5-5　石墨炔的电子能带

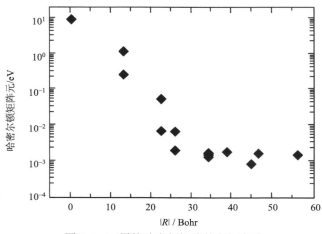

图 5-6　石墨炔哈密顿矩阵的空间衰减

图 5-7 为计算得到的石墨炔的电子透射系数。根据 Fermi-Dirac 分布函数的表达式，费米能级附近的电子透射系数对电子热导的贡献和影响更大。在费米能级附近，石墨炔的电子透射系数关于费米能级呈对称分布，并且从图 5-7 上可以看出，电子透射系数在费米能级处同样存在一个带隙与石墨炔的能带相对应。

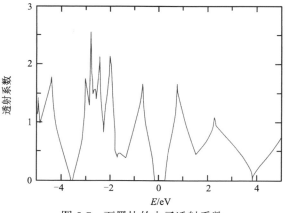

图 5-7　石墨炔的电子透射系数

5.1.2　石墨炔的热导

图 5-8 比较了石墨炔与石墨烯的声子热导。由图 5-8 可知，在大部分温度区域石墨炔的声子热导要小于相应的石墨烯，而在低温时相反。在低温时，声子热导主要来自于 ZA 声子的贡献，ZA 声子的色散呈 $\omega = \alpha q^2$ 的关系，而声子的热导 $\kappa_p \propto T^{1.5}/\sqrt{\alpha}$。由图 5-2 可知，石墨炔的 ZA 声子相对于石墨烯更为软化，意

着石墨炔 ZA 的色散 α 更小，因此，低温时石墨炔的声子热导会相对较大。随着温度的升高，LA 和 TA 声子对热导的贡献逐渐占主导地位，更高的群速度决定着更高的声子热导。由图 5-2 可知，石墨烯的 LA、TA 声子支的群速度要明显大于相应的石墨炔，因此，高温时石墨炔的声子热导要小于相应的石墨烯，这主要是因为石墨炔的炔链上 sp—sp^2 键相对较弱，给声子的传输带来额外的阻力。室温下，石墨炔的声子热导为 $1.86×10^9$ W·m^{-2}·K^{-1}，仅为石墨烯声子热导的 43%。

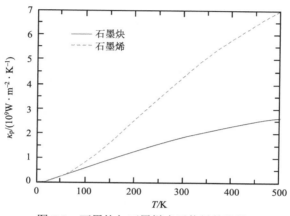

图 5-8　石墨炔与石墨烯声子热导的比较

相对于石墨烯的半金属特性，石墨炔属于典型的半导体，其电子对热导的贡献在室温下可以忽略，见图 5-9。随着化学势的增加，电子热导逐渐增加，当 $\mu >$ 0.5 eV 时，电子热导在整个温度区间都超过的相应的声子热导，并且电子热导随着温度呈线性变化，说明石墨炔的电子热导也是量子化的。

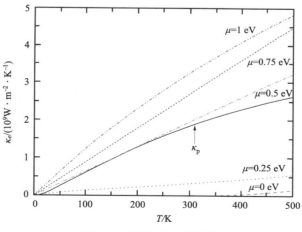

图 5-9　石墨炔的电子热导

5.1.3 石墨炔的热电性质

首先，本书比较了典型温度下石墨炔与石墨烯的电导，见图 5-10。由于石墨炔能带中带隙的存在，在 CNP 附近石墨炔没有电子的传输通道，但是当化学势移动到石墨炔导带或价带的边缘时，石墨炔的电导则迅速增加，并且很快超过相应的石墨烯的电导，所以，通过适当的掺杂或门电压调节，石墨炔的导电性能可以优于石墨烯。与石墨烯类似，石墨炔的电导随着温度的增加变化不大。

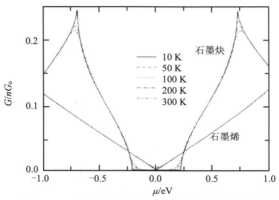

图 5-10 典型温度下石墨炔与石墨烯电导的比较

图 5-11 为石墨炔的泽贝克系数随化学势和温度变化的等值线图。从图 5-11 中可以看出，不同温度下 S 的最值被限制在沿着化学势变化的条带中，条带的宽度即为石墨炔带隙的宽度。从整个温度范围来看，S 的最值出现在 100～200 K 的区域。由图 5-11 的图例可以看出，石墨炔的 S 在 $mV \cdot K^{-1}$ 的数量级，远远大于相应的石墨烯，体现了典型的半导体特性。对于半导体，当电子是主要的载流子，并且化学势处于 CNP 点与导带边缘之间时，其 S 可以由式 $S \approx -k_B/|e|(E_g/2k_BT + 2)$ 来估计，而对于半金属性的石墨烯，S 只有数个 k_BT 的大小。为了进一步分析温度和化学势对石墨烯 S 的影响，图 5-12 和图 5-13 分别研究了不同温度及不同化学势下石墨烯 S 的变化。低温时，石墨炔 S 的峰值出现在导带和价带的边缘，随着温度的升高，其峰值逐渐移动到 CNP 点附近。低温下，对于电子为载流子的情况，S 峰值对应的化学势的位置为 $\mu = E_C + \alpha k_B T$，其中 α 为参数，E_C 为随温度变化的导带边缘的能量值，通过对电导数据的拟合可以得到 $E_C = -0.23 + 0.0046T$。而高温时，石墨炔呈简并态，S 的最值出现在 CNP 附近化学势为数个 k_BT 处。从图 5-13 可以看出，对于电子处于非简并态时，即化学势较小时，S 随着温度的增加先减小而后增加，在低温处出现一个最值，且最值随着化学势的增加向低温处移动。当化学势较高时，电子处于简并态，此时 S 随着温度的增加呈线性降低，此时 S 随温

度的变化关系可以用 Mott 公式很好地描述。

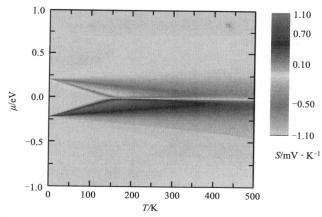

图 5-11　石墨炔的泽贝克系数随化学势和温度变化的等值线图

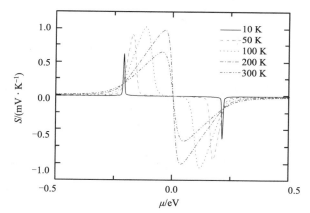

图 5-12　典型温度下石墨炔的 S 随化学势的变化图

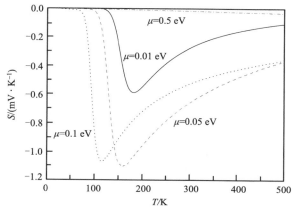

图 5-13　不同化学势下石墨炔的 S 随温度的变化图

最后石墨炔的 ZT 可由式（2-53）得到，见图 5-14 和图 5-15。由图 5-14 和图 5-15 可知，不同温度下石墨炔的 ZT 的最大值对称分布在导带和价带的边缘，与 S 的最值分布并不完全对应。例如，室温下 S 的最值出现在 CNP 点附近，但是由于化学势处在禁带内，并没有电子的传输通道，所以 ZT 的最值并不出现在此处，而是通过电导、热导和 S 这几个参数的优化，最终出现在导带或价带的边缘。随着温度的增加，ZT 最大值的位置不变，但是其值增大。室温下，石墨炔的 ZT 的最大值为 0.16。因此，相对于石墨烯，石墨炔更有潜力应用在热电器件上。

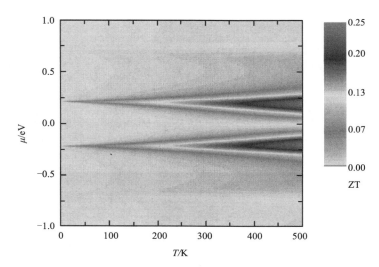

图 5-14　石墨炔的 ZT 随化学势和温度变化的等值线图

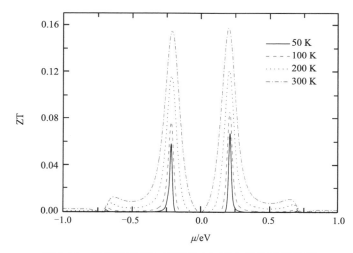

图 5-15　典型温度下石墨烯的 ZT 随化学势的变化图

5.2 石墨炔纳米管

5.2.1 石墨炔纳米管（GNT）的透射系数

GNT 的单胞体积较 CNT 大得多，(5,5) GNT 的单胞中有 120 个碳原子，最小的 (2,0) GNT 也有 48 个原子，DFT 的计算量相当大，因此，本书研究 GNT 的电子、声子输运采用 DFTB-NEGF 方法。为了保证计算的可靠性，计算之前，先对比由 DFTB 和 DFT 分别得到的能带图及声子谱，见图 5-16 和图 5-17。由 DFTB 和 DFT 计算得到的 (2,2) GNT 的能带形状上基本一致，其带隙最小值出现在布里渊区的 X 点，DFTB 计算的带隙 $E_g = 1.38$ eV，而 DFT 的值为 $E_g = 0.59$ eV。一般基于 LDA 或 GGA 交换关联泛函的 DFT 计算通常会低估半导体的带隙。本书用 DFTB 计算了石墨炔的带隙为 1.25 eV，同样大于 DFT 的 0.46 eV。而从第一性原理的角度要准确描述半导体的能带，需要采用杂化泛函或考虑电子的多体效应（GW 近似）。GW 计算[3]得到的石墨二炔的带隙为 1.1 eV，大于普通 DFT 的 0.44 eV。因此，对于 GNT 本书认为 DFTB 计算的带隙比 DFT 的结果更接近其真实值。另外，从图 5-17 可以看出，由 DFTB 计算得到 (2,2) GNT 的声子谱与 DFT 的计算结果基本一致。因此，GNT 的电子、声子的输运可以用 DFTB 的方法来计算。

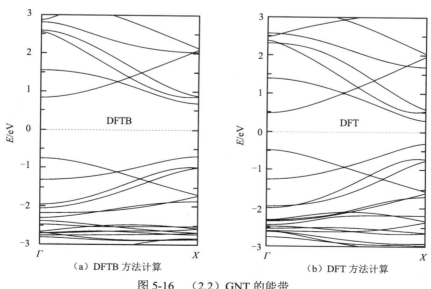

(a) DFTB 方法计算　　(b) DFT 方法计算

图 5-16　(2,2) GNT 的能带

虚线标示费米能级

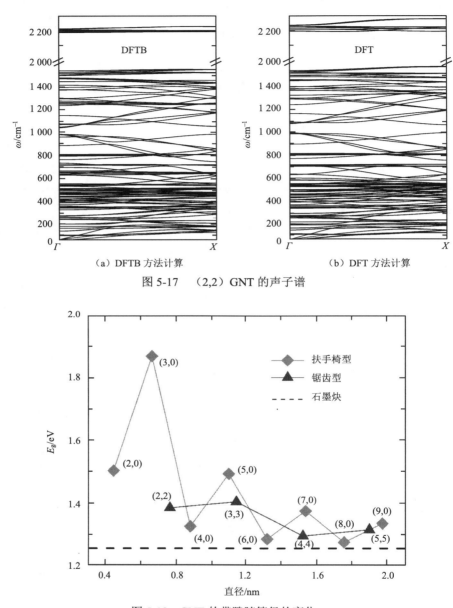

（a）DFTB 方法计算　　　　　　　　（b）DFT 方法计算

图 5-17　（2,2）GNT 的声子谱

图 5-18　GNT 的带隙随管径的变化

采用 DFTB 的方法，本书计算了不同 GNT 的带隙，见图 5-18。所有的 GNT 均为半导体，扶手椅型和锯齿型 GNT 的带隙随着管径的增加都呈现阻尼振荡，并很快趋近于石墨炔的带隙。对于（n,0）GNT 及（n,n）GNT，当 n 为奇数或偶数时，其带隙分别出现在布里渊区的 Γ 点和 X 点。

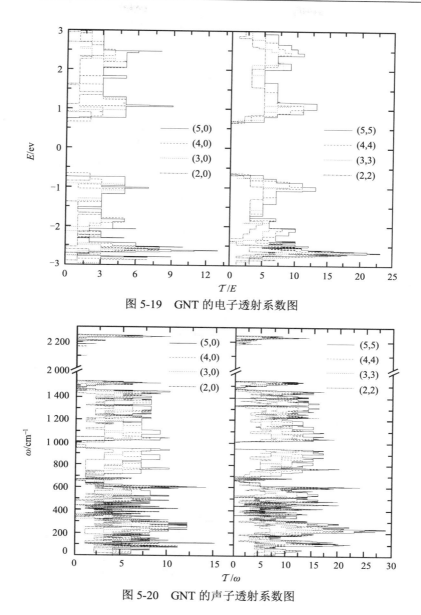

图 5-19　GNT 的电子透射系数图

图 5-20　GNT 的声子透射系数图

图 5-19 和图 5-20 分别为 GNT 的电子和声子的透射系数图。由图 5-19 和图 5-20 可知，电子和声子的透射系数与 CNT 相似均呈阶梯状，体现了其典型的一维特性。电子的透射系数在费米能级附近为零，与 GNT 的带隙相对应，所有 GNT 的声子透射系数都从 4 开始，分别对应着低频的 4 个声学声子支，表明 DFTB 得到的 IFC 局域性很好。另外，GNT 的电子和声子透射系数都随着管径的增加而增大，因为随着管径的增加，更多的电子及声子的输运通道被激发。

5.2.2 石墨炔纳米管的声子热导

GNT 具有一维特性，因此其声子热导在低温下与 CNT 类似，随着温度的增加而呈线性增加，见图 5-21。低温时，GNT 的声子热导随着管径的增加而减小；高温时正好相反，但是变化不是很明显。图 5-21 中的黑色实线为石墨炔的声子热导，可见低温时，GNT 的热导要高于石墨炔，随着温度的增加，逐渐趋于一致。室温下 GNT 的声子热导约为 $1.6 \times 10^9 \mathrm{~W \cdot m^{-2} \cdot K^{-1}}$，仅为石墨烯的 37%。

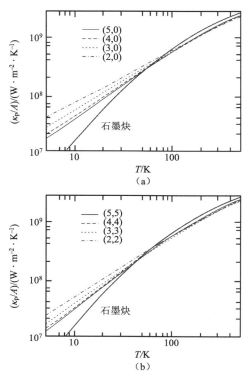

图 5-21 GNT 的声子热导随温度的变化

5.2.3 石墨炔纳米管的热电性质

图 5-22 和图 5-23 分别为室温下扶手椅型和锯齿型 GNT 的热电输运系数及热电优值随化学势的变化关系图。当化学势在 GNT 带隙的中间时，几乎没有电子能够被激发到导带上去，因此，相应的 G 为零。当化学势移动到导带或价带附近时，电子很容易受到激发并且有足够的能量被激发到导带，从而出现电子传输的通道。电子的热导 κ_e 与 G 类似，都对应于 GNT 的电子透射系数。

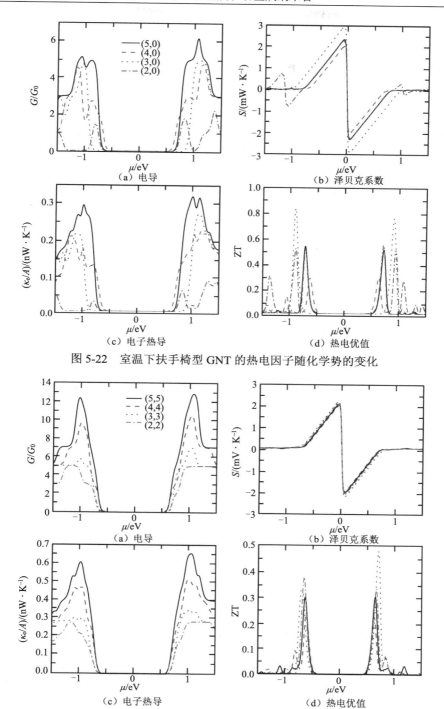

图 5-22 室温下扶手椅型 GNT 的热电因子随化学势的变化

图 5-23 室温下锯齿型 GNT 的热电因子随化学势的变化

扶手椅型 GNT 的 S 随着管径的变化出现振荡，而锯齿型 GNT 的 S 则基本不随管径而变化，这主要是因为相应的扶手椅型 GNT 的管径较小，弯曲作用非常大。室温下 GNT 的 S 的最大值约为 $2.3\ \mathrm{mV\cdot K^{-1}}$，约为石墨炔的 3 倍。

此外，一个有趣的现象是 GNT 的 S 随化学势变化的过程中出现了不止 CNP 点的符号改变点，扶手椅型 GNT 的这种现象很明显，尤其是管径最小的（2,0）GNT，如图 5-22（b）所示。一般来说，N 型半导体的 S 为负值，而 P 型半导体的 S 为正值。S 的符号除了在 CNP 点改变外，还可以出现在超晶格的热电输运过程中，因为超晶格的能带中会出现一系列的微带[4, 5]。为了研究（2,0）GNT 中 S 符号改变的机制，本书分析了其能带及相应的电子透射系数，如图 5-24 所示。由图 5-24 可知，在距离费米能级约 1 eV 处，出现了两条微带，因此，在此处能够看到 S 符号发生改变。微带通常可以在多势垒体系中形成，通过分析（2,0）GNT 的结构，发现沿着 GNT 周长方向的炔链由于比较大的弯曲作用而偏离了管壁，形成一些周期性的势垒，如图 5-25 所示。随着管径的增加，这种偏离被削弱，S 符号改变的现象消失。

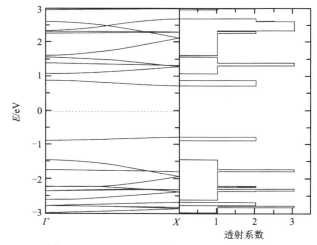

图 5-24　（2,0）GNT 的能带与电子透射系数图

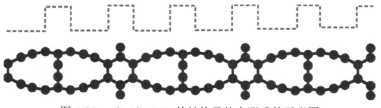

图 5-25　（2,0）GNT 的结构及势垒形成的示意图

图 5-22（d）和图 5-23（d）分别给出了扶手椅型和锯齿型 GNT 的热电优值

ZT。室温下，扶手椅型 GNT 的 ZT 最大值为（3,0）GNT 的 0.83，略低于商业热电材料的 1，大于相应锯齿型 GNT。ZT 的峰值均出现在导带或价带的边缘。不同 GNT 的 ZT 最大值随着管径的增加也出现阻尼性振荡，如图 5-26 所示。随着管径的增加，可以预测 GNT 的 ZT 将趋于石墨炔的 ZT 值。

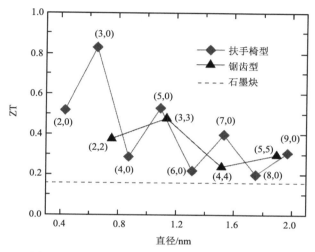

图 5-26　室温下 GNT 的 ZT 随管径的变化关系图

至此，本书研究了一系列低维碳纳米结构的弹道热与热电输运性质，包括 1D 的不同管径的 CNT 和 GNT，2D 的石墨烯和石墨炔。表 5-1 列出了这些结构在室温下的声子热导和 ZT。石墨烯和石墨炔分别可以看作管径无限大的 CNT 和 GNT，因此随着管径的增加，石墨烯与 CNT、石墨炔与 GNT 的热导及 ZT 将最终趋于一致。石墨烯和 CNT 的热导要大于石墨炔和 GNT，前两者更适合用作高导热材料，然而石墨炔和 GNT 都是半导体，其 ZT 值要大于石墨烯和 CNT，因此石墨炔和 GNT 在热电材料方面的应用上更有优势。

表 5-1　室温下几种低维碳纳米结构的声子热导与 ZT

结构	类型	$(\kappa_p/A)/$ $(10^9 \text{ W} \cdot \text{m}^{-2} \cdot \text{K}^{-1})$	ZT_{max}	方法
碳纳米管	(7,0)	4.16	0.25	DFTB
	(8,0)	4.16	0.19	
	(9,0)	4.19	0.067	
	(10,0)	4.17	0.12	
	(7,7)	4.18	0.057	
	(8,8)	4.19	0.052	
	(9,9)	4.20	0.048	
	(10,10)	4.21	0.044	

结构	类型	$(\kappa_p/A)/$ $(10^9 \text{ W} \cdot \text{m}^{-2} \cdot \text{K}^{-1})$	ZT_{max}	方法
石墨烯	—	4.37	0.0094	DFT
	(2,0)	1.54	0.52	
	(3,0)	1.56	0.83	
	(4,0)	1.58	0.29	
	(5,0)	1.60	0.53	
石墨炔纳米管	(2,2)	1.58	0.38	DFTB
	(3,3)	1.55	0.48	
	(4,4)	1.64	0.24	
	(5,5)	1.66	0.30	
石墨炔	—	1.86	0.16	DFT

参 考 文 献

[1] 王晓明. 低维碳材料热及热电输运的第一性原理研究[D]. 广州：中山大学. 2014.

[2] 陈楷炫. 二维材料热特性的第一性原理研究[D]. 广州：中山大学. 2017.

[3] Luo G F，Qian X M，Liu H B，et al. Quasiparticle energies and excitonic effects of the two-dimensional carbon allotrope graphdiyne：theory and experiment[J]. Phys Rev B，2011，84(7)：075439.

[4] Balandin A A，Lazarenkova O L. Mechanism for thermoelectric figure-of-merit enhancement in regimented quantum dot superlattices[J]. Appl Phys Lett，2003，82(3)：415-417.

[5] Vashaee D，Zhang Y，Shakouri A，et al. Cross-plane Seebeck coefficient in superlattice structures in the miniband conduction regime[J]. Phys Rev B，2006，74(19)：195315.

第 6 章 过渡金属硫系化合物的热电输运

过渡金属硫系化合物也是新的二维材料家族,在结构组成上具有 MX_2(M=Mo/W,X=S/Se)的分子式。在之前的报道中,过渡金属硫系化合物是具有宽带隙的半导体,同时有很低的热导率,这些特性决定了该二维体系是潜在的热电材料。如何能在此基础上探索其热电机制及提升其热电性能,是本章研究的主要内容。在本章中,系统性地对过渡金属硫系化合物家族的电子输运、声子输运及热电输运进行了详细的研究,包括二维单层体系、纳米管体系及纳米条带体系,揭示了其高性能的热电特性及内在机制[1, 2]。第一性原理对热电特性的计算流程如图 6-1 所示,首先利用 Quantum ESPRESSO 软件对体系进行电子计算和声子计算,分别得到电子的哈密顿矩阵和声子的力常数矩阵;然后通过 WanT 软件计算弹道输运机制下的电子和声子透射系数;最后通过朗道尔公式法自编程序计算热电特性(参考附录二中的 Tran2Property.f90 小程序)。

图 6-1 热电特性的第一性原理计算流程图

6.1 二维单层与纳米管结构

过渡金属硫系化合物的二维单胞结构如图 6-2(a)的虚线四边形所示,有着与石墨烯类似的六方晶格体系,然而过渡金属硫系化合物却不是单原子厚度的二维材料,而是具有三原子层的"三明治结构",其中 Mo/W 原子层被包裹在上下两层 S/Se 原子中。过渡金属硫系化合物纳米管的命名与碳纳米管类似,根据取向的不同,可分别命名为扶手椅型(n, n)和锯齿型纳米管(n, 0),同时具有(n, m)表示的过渡金属硫系化合物纳米管的管径 d 和截面积 A 可以由式(6-1)和式(6-2)计算得到。

$$d = \frac{a}{\pi}\sqrt{n^2 + m^2 + nm} \qquad (6\text{-}1)$$

$$A = d\delta\pi \qquad (6-2)$$

式中，a 为二维过渡金属硫系化合物的晶格常数；δ 为过渡金属硫系化合物体结构中层与层间的距离。本章利用第一性原理的计算方法对典型的几种二维过渡金属硫系化合物 WSe_2、$MoSe_2$、WS_2 和 MoS_2 进行了研究，同时也对纳米管体系进行了计算，主要包括锯齿型（10,0）和扶手椅型（6,6）纳米管，体系结构见图 6-2。

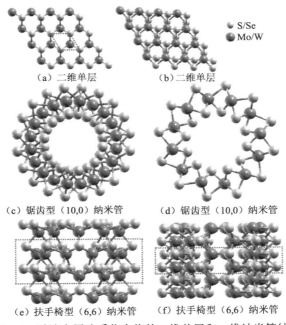

图 6-2 过渡金属硫系化合物的二维单层和一维纳米管结构

研究中选用了 Quantum ESPRESSO 软件进行结构优化，采用了基于局域密度近似的 Perdew-Zunger（PZ）交换-关联势，其中 W 原子选用了基于 Bachelet-Hamann-Schlueter 方法的模守恒赝势函数，而其他原子选用了基于 Rappe-Rabe-Kaxiras-Joannopoulos 方法的超软赝势函数。通常在相对广义梯度近似的框架下，局域密度近似的赝势由于缺乏电子交换的考虑，会带来电子带隙的严重低估，但这里选择了局域密度近似的框架而非广义梯度近似的框架，主要是因为已经有其他学者（Chang 等[3]和 Huang 等[4]）对过渡金属硫系化合物进行报道，局域密度近似更能准确地计算出和实验值接近的电子带隙值。为了防止相邻镜像间的相互作用，设置了 15 Å 的真空层，总能计算截断能和电子密度截断能分别设置为 45 Ry 和 450 Ry。结构优化过程二维单层的自洽计算中，设置了 21×21×1 的 Monkhorst-Pack 的 k 点网格；在纳米管体系的计算中则设置了 1×1×19 的 Monkhorst-Pack 的 k 点网格。

这里，对势函数的选择是基于声子谱计算结果进行的，通过对二维单层 MoS_2

体系在不同赝势函数下的声子谱结果进行对比，如图 6-3 所示。选择进行对比的势函数包括基于 Perdew-Burke-Ernzerhof（PBE）、PBE for solid（PBEsol），以及 Perdew-Zunger（PZ）框架的 Rappe-Rabe-Kaxiras-Joannopoulos（RRKJ）超软函数和 Projector-Augmented-Wave（PAW）的投影缀加函数。由声子谱结果可以看到，基于 PZ 框架的 RRKJ 超软函数的计算结果在低频区基本不会出现虚频，同时由于局域密度近似的势函数更有利于非平衡格林函数的使用，因此本书选用此势函数来进行接下来的研究。

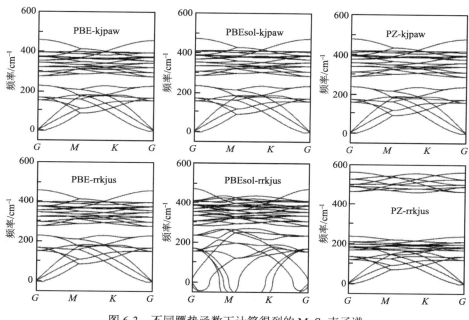

图 6-3 不同赝势函数下计算得到的 MoS_2 声子谱

6.1.1 电子结构

得到最低能量体系结构后，首先对电子结构和电子输运特性进行研究。在此本书利用了非平衡格林函数的方法研究了体系的弹道输运特性，忽略了电子与电子、电子与声子、声子与声子之间的耦合作用，这是考虑处于纳米级别体系，当体系尺度小于电子和声子的平均自由程时，弹道输运的机制是有效的。在二维体系电子能带的计算中，选用了 2×2 的超胞，这主要是考虑后面利用非平衡格林函数进行弹道输运计算中近邻相互作用的要求。电子能带过程在在二维体系的自洽计算中，采用了 9×9×1 的 Monkhorst-Pack 的 k 点网格对布里渊区进行划分，对于扶手椅型纳米管和锯齿型纳米管，k 点网格则分别为 1×1×11 和 1×1×5。在得到密度泛函理论计算出的哈密顿矩阵后，本书使用 WanT 软件将周期性的布洛赫函数转化为最大局域化的 Wannier 函数（MLWF），以进行电子输运特性的弹道机制计算。为了得到以 MLWF 为基的电子哈密顿矩阵，对二维体系的 2×2 超胞，设置了 70 个 Wannier 函数进行描述，其中 24 个以化学键中点作为初步假设，46 个以原子中心所在位置作为初步假设。

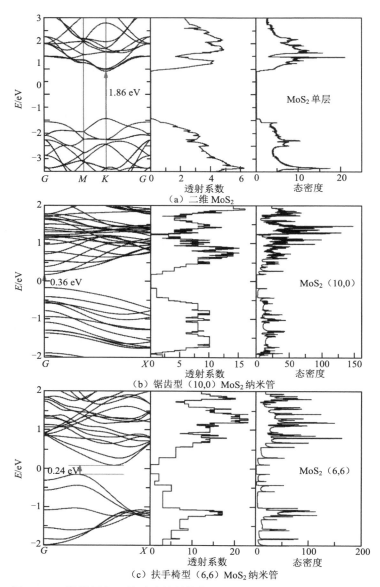

图 6-4　二维单层和一维纳米管结构的 MoS_2 电子能带、透射和态密度图

本书以二维 MoS_2 和 MoS_2 纳米管体系为代表，对其电子能带、电子透射系

数和电子态密度图进行分析,如图 6-4 所示。二维 MoS_2 的电子能带沿着高对称点路径"G(0, 0, 0)—M(1/2, 0, 0)—K(1/3, 1/3, 0)—G(0, 0, 0)"进行绘制,在 K 点处存在直接带隙,带隙大小为 1.86 eV。研究结果表明,这 4 种二维过渡金属硫系化合物都属于直接带隙半导体[5, 6],其中二维 WSe_2、$MoSe_2$、WS_2 和 MoS_2 的电子带隙值分别为 1.69 eV、1.59 eV、2.01 eV 和 1.86 eV,这与之前其他学者的研究保持一致[3, 7, 8]。MoS_2 纳米管体系电子能带的高对称点路径选择为"G(0, 0, 0)—X(0, 0, 1/2)",其中锯齿型 MoS_2(10,0)纳米管在 Gamma 点处存在直接带隙,带隙大小为 0.36 eV;扶手椅型 MoS_2(6,6)纳米管电子带隙则从直接跃迁转变为间接跃迁,大小为 0.24 eV。Seifert 等[9]曾通过密度泛函紧束缚的方法研究了 MoS_2 纳米管的电子结构并发现了相似规律,即锯齿型 MoS_2 纳米管具有窄的直接带隙而扶手椅型 MoS_2 纳米管则具有非零的间接带隙。他们还对 WS_2 纳米管进行了探索并发现当纳米管直径接近时,扶手椅型 WS_2 纳米管的间接带隙数值和锯齿型 WS_2 纳米管的直接带隙数值很接近[10],包括 Zibouche 等[11]在研究中也发现了相似规律,这些都充分验证了本书对过渡金属硫系化合物电子结构计算结果的准确性。

其他几个系列的电子结构分析与 MoS_2 系列极为类似,不同之处体现为电子跃迁带隙数值的差异,本书将具体数值汇总于图 6-5 中,可以得到电子带隙变化的规律:从二维单层、锯齿型 MoS_2(10,0)纳米管到扶手椅型 MoS_2(6,6)纳米管,带隙值呈现不断减小的趋势。

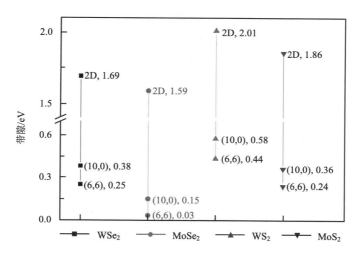

图 6-5 二维过渡金属硫系化合物及锯齿型(10,0)和扶手椅型(6,6)纳米管的电子带隙汇总图

6.1.2 热电输运特性

接下来转入热电特性的讨论，可以将研究内容按照组成元素划分为 WSe_2、$MoSe_2$、WS_2 和 MoS_2 4 个系列，并以 WSe_2 系列为例进行详细讨论，包括二维 WSe_2、锯齿型 WSe_2（10,0）和扶手椅型 WSe_2（6,6）纳米管。电导值 σ 和单位截面积电子热导值 κ_{el}/A 随体系化学势的变化曲线展示在图 6-6（a 和 b）中，电导和电子热导具有很类似的变化曲线，这取决于两者都与电子的透射谱有着正相关的联系。当化学势处于零点时，费米面落在价带和导带中间，只有极少数的电子能被激发到导带上，因此电导和电子热导都接近零；当化学势逐渐加大，费米面也逐渐进入到导带中，能提供导电作用的电子数目急剧上升，也导致了电导和电子热导急剧增大。然而由于两者与电子透射系数的正相关性很类似，电导和电子热导变化幅度相近，比值基本不变，也决定了对热电性能的影响不大。对于半导体而言，热电性能更大程度受声子热导影响。另外，电子能带的带隙对热电性能的影响也很大，因为宽的带隙往往意味着大的泽贝克系数，泽贝克系数与电子带隙两者之间近似存在着以下关系式[12]

$$S \approx -(k_B/e)(E_g/2k_BT+2) \tag{6-3}$$

同时，当化学势数值增大到一定程度（化学势的负值表示 P 掺杂，正值则表示 N 掺杂），体系中的载流子密度（空穴载流子或电子载流子）也提高，根据泽贝克系数受载流子密度的影响关系，在数值上会出现下降趋势，见图 6-6（c）。电子带隙的存在使得泽贝克系数在化学势较低处（此时费米能级未进入价带或导带，也处于禁带中）数值为零，因此此时载流子浓度太低，无法形成温差电势。由于二维 WSe_2 的电子带隙大于 WSe_2 纳米管，导致二维 WSe_2 的泽贝克系数在随化学势的变化曲线中出现了更大的数值为零的区域。

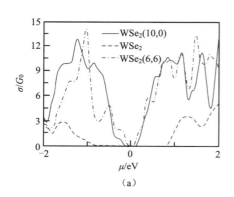

(a)

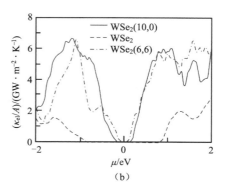

(b)

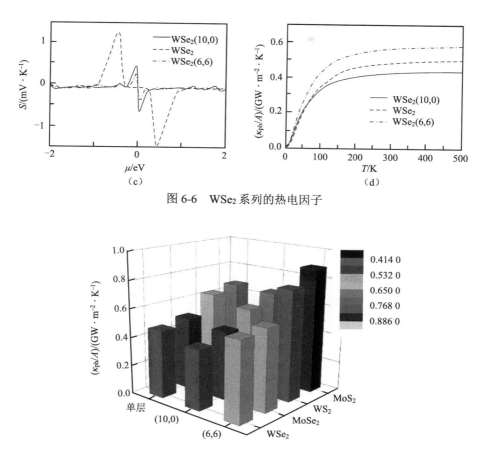

图 6-6 WSe$_2$ 系列的热电因子

图 6-7 室温下的单位截面积热导值

声子的输运特性同样通过非平衡格林函数方法进行计算，基于密度泛函微扰理论得到原子间力常数矩阵。在声子计算中，二维体系的 q 点网格设置为 $3\times3\times1$ 的 Monkhorst-Pack 网格，扶手椅型和锯齿型纳米管的 q 点网格则分别为 $1\times1\times7$ 和 $1\times1\times3$。单位截面积的声子热导值在图 6-6（d）中进行展示，一个有趣的现象是从二维体系到纳米管体系，声子热导的数值发生了分歧现象，也就是说，在室温下的声子热导，二维 WSe$_2$ 的数值大于扶手椅型 WSe$_2$(6,6) 纳米管，但却比锯齿型 WSe$_2$(10,0) 纳米管的小。更为意外的是，这个规律在其他 3 个系列（MoSe$_2$ 系列、WS$_2$ 系列和 MoS$_2$ 系列）中都保持一致性，见图 6-7。另外，其他三个系列（MoSe$_2$ 系列、WS$_2$ 系列和 MoS$_2$ 系列）的热电因子的分析也都与 WSe$_2$ 系列很接近，关系曲线分别展示在图 6-8、图 6-9 和图 6-10 中。

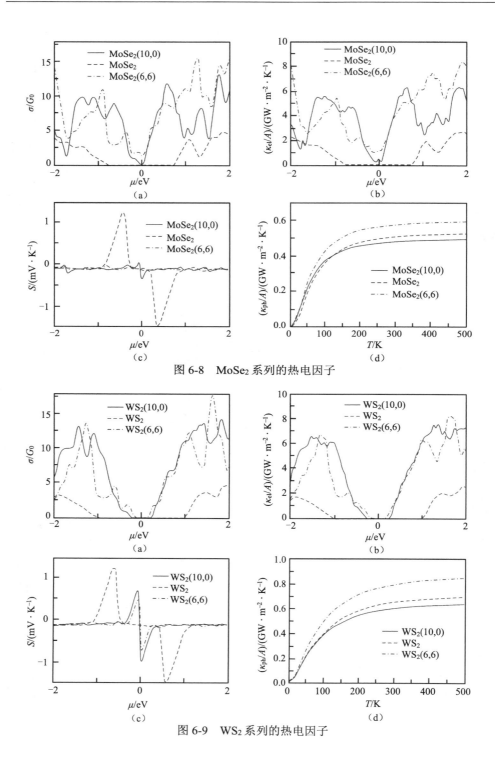

图 6-8 MoSe$_2$ 系列的热电因子

图 6-9 WS$_2$ 系列的热电因子

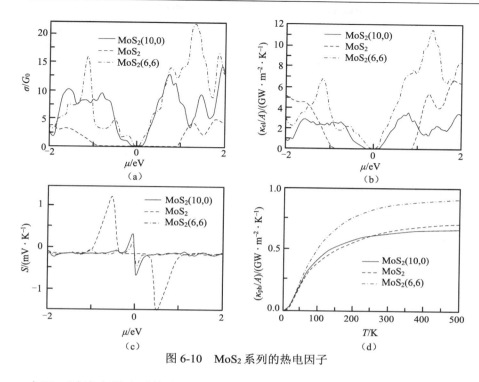

图 6-10 MoS$_2$ 系列的热电因子

室温下过滤金属硫系化合物系列热电优值随化学势的变化曲线则展示在图 6-11 中。由图 6-11（a）可以看到，二维 WSe$_2$、MoSe$_2$、WS$_2$ 和 MoS$_2$ 在室温下最大热电优值分别为 0.91、0.88、0.72 和 0.75。Huang 等[13]利用广义梯度近似的框架对二维 MoS$_2$ 体系进行计算，发现二维 MoS$_2$ 在室温下最大热电优值为 0.58，在局域密度近似的框架下进行计算则数值为 0.7[4]。另外，Wickramaratne 等[14]使用玻尔兹曼输运方程（将声子热导值设置为 34.5 W·m^{-1}·K^{-1}）得到二维 MoS$_2$ 体系的热电优值为 0.85。这些都与本书对二维 MoS$_2$ 体系计算得到的数值 0.75 很接近，为数据的可靠性提供了有力的证据[3, 7, 8]。

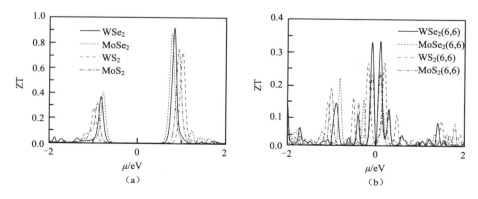

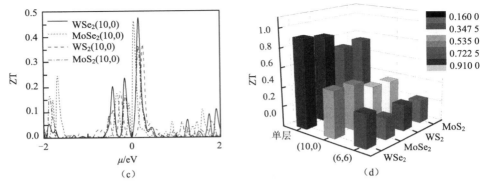

图 6-11 室温下过渡金属硫系化合物系列的热电优值

与石墨烯相比,过渡金属硫系化合物具有更宽的电子带隙和更低的声子热导值[15],这些条件使得过渡金属硫系化合物拥有较大的泽贝克系数和热电优值,也因此显示出过渡金属硫系化合物在热电应用中的巨大潜力[13]。由图 6-11(b)和图 6-11(c)可以看到,扶手椅型(6,6)和锯齿型(10,0)纳米管在室温下的最大热电优值范围分别为 0.2~0.35 和 0.35~0.5,这两种纳米管之间具有相近的管径,扶手椅型纳米管呈现出较低的热电优值,主要来源于较高的声子热导值。从石墨烯到碳纳米管,热电性能有很大的提升,尤其是半导体特性的碳纳米管[16],然而对于过渡金属硫系化合物,却可以观察到相反趋势,即二维单层具有比纳米管体系更高的热电性能,如图 6-11(d)所示,这主要是因为纳米管体系的泽贝克系数比二维单层要小得多。

在 WSe_2、$MoSe_2$、WS_2 和 MoS_2 4 个系列中,WSe_2 系列无论在二维单层上还是纳米管体系上都具有比其他 3 个系列更高的热电优值,二维 WSe_2、扶手椅型(6,6)和锯齿型(10,0) WSe_2 纳米管室温下最大热电优值分别为 0.91、0.33 和 0.47。这一数值已经可以和目前优秀的热电材料相媲美,如层状结构的 P 型 Bi_2Te_3 在 300 K 时热电优值为 1.35[17],热压复合的 Bi_2Te_3 和 Sb_2Te_3 纳米粉状材料在 450 K 时热电优值为 1.47[18],SnSe 在 750 K 计算得到的热电优值为 2.7[19],同时 923 K 时热电优值为 2.6[20]。由于热电优值的定义中包括温度这一变量,因此在 300 K 下便具有 0.7~0.9 热电优值的二维过渡金属硫系化合物仍具有足够的竞争力,在热电应用方面具有很大的潜力。

6.1.3 管径的影响

管径对纳米管性能具有很大的影响,那么是否对过渡金属硫系化合物纳米管的特性也会造成影响呢?随着管径的增大,纳米管的性能应该更接近二维体系,然而对于那些窄管径的纳米管而言,甚至可能存在很大的差异。在这里,本书选择 WSe_2

纳米管进行分析，分别研究了锯齿型（10,0）、（11,0）、（12,0）纳米管和扶手椅型（6,6）、（7,7）、（8,8）WSe$_2$ 纳米管的热电输运性能，如图 6-12 所示。这些纳米管的管径都比较小，主要是考虑到大管径纳米管体系在声子计算上的计算量太大，通过这几个不同管径的纳米管性能对比，已经可以初步得到一些规律。

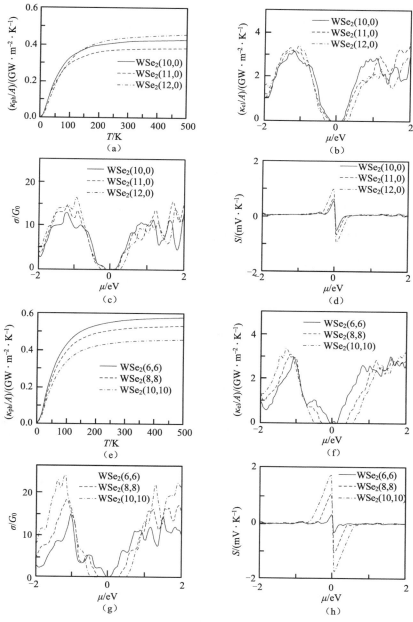

图 6-12　不同管径下 WSe$_2$ 纳米管的热电因子随化学势的变化

从电导值 σ 和单位截面积电子热导值 κ_{el}/A 随体系化学势的变化曲线可以看到，随着管径的增大，无论是扶手椅型还是锯齿型的纳米管，电子带隙都具有增大的趋势，趋向二维体系的电子带隙，这也导致了泽贝克系数的增大。然而，随着管径增大，纳米管体系的声子热导值却呈现振荡变化趋势，这直接导致了热电优值的振荡变化，如图 6-13 所示，与之前报道的石墨炔纳米管随管径增大的变化规律倒是很相似[21]。总体而言，无论是扶手椅型还是锯齿型 WSe_2 纳米管，热电优值都比二维 WSe_2 要小，这证实了本书之前的结论：二维过渡金属硫系化合物具有比窄管径纳米管体系更优的热电性能。

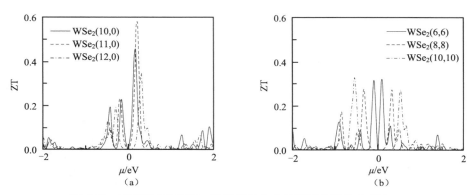

图 6-13　不同管径下 WSe_2 纳米管的热电优值随化学势的变化

6.2　WSe_2 纳米条带

在上一节的研究中，发现了单层过渡金属硫系化合物具有优异的热电性能，是潜在的热电材料，其中二维 WSe_2 体系呈现出最高的热电性能，在室温下的最大热电优值可达 0.91。那么是否有方法可以进一步提高 WSe_2 体系的热电优值，使之与目前商用的高性能热电材料相竞争呢？答案是肯定的。通过热电优值的定义式可以知道，高性能的热电材料要求体系具备高的电导和泽贝克系数，以及低的热导值，如果能控制材料的热导值基本保持不变，再通过改变体系的电子结构来调控电导和泽贝克系数，便可能获得更高的热电优值。这便是本节的研究内容，构建了一维 WSe_2 纳米条带体系试图获得更好的热电性能，一方面，由于条带体系中化学键的类型及原子间距等参数与二维 WSe_2 类似，在热输运方面的性能也应当保持接近；另一方面，条带体系由于边缘的不规则效应将带来结构重整，有望以此来对电子结构进行调控。

6.2.1 体系结构

与石墨烯纳米条带类似，WSe$_2$ 纳米条带也可以根据条带取向不同区分为扶手椅型 WSe$_2$ 纳米条带（AWNR）和锯齿型 WSe$_2$ 纳米条带（ZWNR）。根据传统命名法则，AWNR-N_a（ZWNR-N_z）表示条带宽度为 N_a（N_z）的扶手椅型（锯齿型）WSe$_2$ 纳米条带。如图 6-14（a）和（d）所示，纳米条带边缘处存在悬挂键，即未成键孤电子（也称为边缘不规则效应），本书通过引入氢原子进行钝化，可减弱甚至消除边缘不规则效应。氢原子钝化前后的条带可进行对比来研究边缘不规则效应对 WSe$_2$ 条带电子结构乃至热电性能的影响。

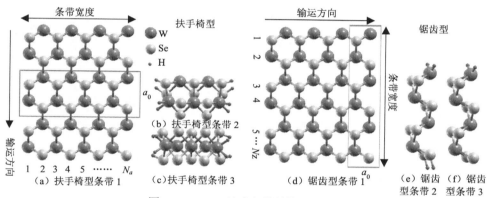

图 6-14　WSe$_2$ 纳米条带结构示意图

其中方框表示条带体系的原胞结构

AWNR 的两端是镜像对称的，用氢原子将边缘悬挂键进行钝化时能很好地稳定体系。然而 ZWNR 的两端是不对称的，一端以 W 原子为最外层，另一端则以 Se 原子为最外层，因此需要先对不同氢化结构的 ZWNR 进行对比，来判断哪种氢化形态是热力学偏向态。本书利用 Quantum ESPRESSO 软件来对不用氢化结构的 ZWNR 体系进行结构优化和声子计算（包括未氢化、全氢化、Se 原子端氢化和 W 原子端氢化结构，分别对应图 6-15 中所表示的 4 种模型），采用局域密度近似的 Perdew-Zunger 交换-关联势和模守恒的赝势函数，总能计算和电子密度的截断能分别为 50 Ry 和 500 Ry，真空层设定为 12 Å。结构优化中受力收敛标准为 10^{-4} Ry/Bohr，总能收敛标准为 10^{-5} Ry。自洽计算中 k 点网格设定为 1×1×7 的 Monkhorst-Pack 网格。

对这 4 种不同氢化结构的 ZWNR 模型先进行声子计算并绘制声子谱，可以发现以 W 原子端进行氢化稳定时得到的结构为热力学偏向态，如图 6-16（d）所示，在声子谱中没有出现明显的虚频，而其他 3 种结构的声子谱则可以观察到很大的虚频，不具备热力学稳定性。因此在后续的 ZWNR 的研究中，就只考虑对 W 原子端氢化的结构，并将其简称为部分氢化 ZWNR。

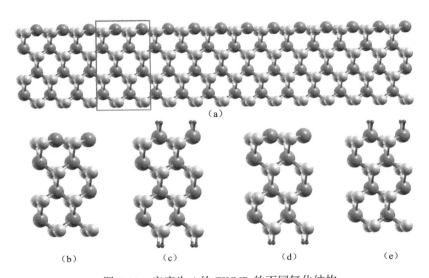

图 6-15 宽度为 4 的 ZWNR 的不同氢化结构

其中方框为原胞结构，包括（b）未氢化、（c）全氢化、（d）Se 原子端氢化和（e）W 原子端氢化结构

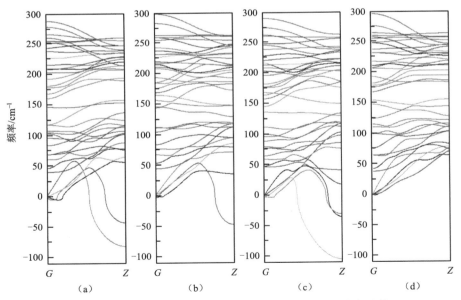

图 6-16 宽度为 4 的 ZWNR 在不同氢化情况下的声子谱

（a）未氢化；（b）全氢化；（c）Se 原子端氢化；（d）W 原子端氢化结构

6.2.2 电子结构

在得到能量最低化结构后,本书进行了 WSe_2 条带电子结构的计算,自洽计算采用了与结构优化过程中类似的参数,并使用 Wannier90 软件将周期性的布洛赫函数描述为以最大性局域化 Wannier 函数为基的电子哈密顿矩阵。以到空间中高对称点 "G(0, 0, 0)—Z(0, 0, 1/2)" 为路径计算电子能带。图 6-17 和图 6-18 分别展示了氢化前后 AWNR 和部分氢化前后 ZWNR 的电子能带图。通常密度泛函理论会低估电子能带的带隙值,然而之前的研究表明,对于二维 WSe_2 来说,局域密度近似却能很准确地描述体系的电子带隙值,理论预测值 1.7 eV[8, 22, 23]与实验值[3, 4]吻合得很好,这也是为什么本书选择局域密度近似的赝势来研究 WSe_2 条带的电子结构。

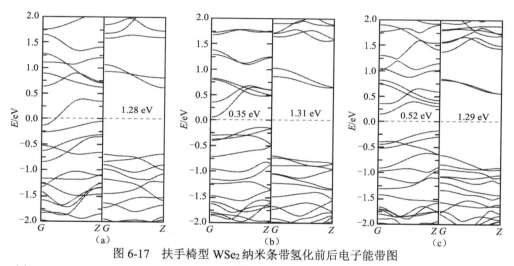

图 6-17 扶手椅型 WSe_2 纳米条带氢化前后电子能带图
(a) AWNR-5(w/o H) AWNR-5(with H); (b) AWNR-6(w/o H) AWNR-6(with H); (c) AWNR-7(w/o H) AWNR-7(with H)

AWNR 由于边缘处存在悬挂键,在电子能带图中体现了未成键的孤电子会带来费米能级处的额外能级,作用类似于 N 掺杂效应。随着条带宽度的增大,孤电子的占比逐渐减小,边缘不规则效应也会逐渐减小。从图 6-17(a)可以看到条带宽度为 5 的 AWNR 电子能带图中,由边缘不规则效应引入的额外能带分布在费米能级处,使得体系呈现金属性。而随着宽度的增加,孤电子的作用减弱,体系恢复了与二维 WSe_2 接近的半导体特性,这里未氢化的 AWNR 出现了从金属特性到半导体特性的转变现象。氢化后的 WSe_2 条带由于孤电子被氢原子所稳定,边缘不规则效应减弱使得费米能级处的额外能带消失,呈现为宽带隙的半导体,有趣的是不同条带宽度的氢化 AWNR 的电子带隙值基本相同,这直接说明了氢原子对边缘悬挂键具有钝化作用,具体的数值见表 6-1。

表 6-1 WSe$_2$ 条带的晶格参数和电子带隙值

类型	条带缩写	晶格参数 a_0	电子带隙/eV
未氢化	AWNR-5	5.590	金属性
	AWNR-6	5.556	0.35
	AWNR-7	5.586	0.52
	AWNR-8	5.591	0.5
全氢化	AWNR-4	5.502	1.23
	AWNR-5	5.584	1.28
	AWNR-6	5.603	1.31
	AWNR-7	5.598	1.29
未氢化	ZWNR-4	3.200	金属性
	ZWNR-5	3.210	金属性
	ZWNR-6	3.218	金属性
部分氢化	ZWNR-4	3.226	金属性
	ZWNR-5	3.240	金属性
	ZWNR-6	3.234	金属性
	ZWNR-7	3.242	金属性

ZWNR 在未氢化前均处于金属性,这点与 AWNR 不一样。部分氢化的 AWNR 虽然 W 原子端处的孤电子受氢原子钝化后得以稳定,但 Se 原子端尚存在孤电子,边缘不规则效应虽然减弱却未完全消失,从图 6-18 中可以看到,部分氢化后的 ZWNR 电子能带中费米能级处只有部分额外能带消失,条带体系依旧呈现金属性。

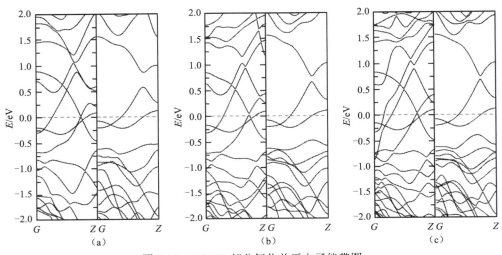

图 6-18 ZWNR 部分氢化前后电子能带图

(a) ZWNR-4(w/o H) ZWNR-4(part H);(b) ZWNR-5(w/o H) ZWNR-5(part H);(c) ZWNR-6(w/o H) ZWNR-6(part H)

另外本书以条带宽度为 6 的全氢化 AWNR 为例展示了体系的电子分波态密度，从图 6-19 可以看到，条带体系的价带和导带基本都来源于 W 原子的 d 轨道和 Se 原子的 p 轨道，在费米能级附近各分波态密度都接近零，以此形成了电子的带隙。

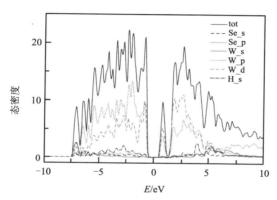

图 6-19　宽度为 6 的全氢化 AWNR 的分波态密度图

6.2.3　声子谱与热导

声子计算采用了密度泛函微扰理论，对 AWNR 和 ZWNR 分别设置了 $1\times1\times7$ 和 $1\times1\times3$ 的 Monkhorst-Pack 的 q 点网格，能量自洽收敛标准为 10^{-16} Ry。未氢化及氢化后 AWNR 的声子谱如图 6-20 所示，一维纳米条带，体系具有 3 个方向上的平移对称性和以沿着条带方向为轴向的旋转对称性，在声子谱上体现为低频区经过 Gamma 点的声子模有 4 个。氢原子的钝化作用稳定了条带边缘的悬挂键，也减弱了边缘不规则效应，使得声子谱虚频减小。未氢化前 AWNR 的声子谱截断频率大概在 300 cm^{-1} 附近[24]，仍旧能观察到有些许虚频，主要出现在低频区的声学声子模上，这来源于边缘不规则效应所带来的亚稳态结构，与石墨烯条带的现象很类似[25]。氢化后的 AWNR 在声子谱中的虚频得到明显改善，基本没有负值出现，同时氢原子的引入也将声子谱的截断频率从 300 cm^{-1} 提高到了 2 300 cm^{-1}。室温下的声子热导主要由低频区的声子模决定，因为在此温度区间下高频率的声子模无法被激活。而在 300 cm^{-1} 以下区域氢化对声子谱图的改变不大，因此可以知道氢化并不能显著改变 AWNR 的声子热导值。

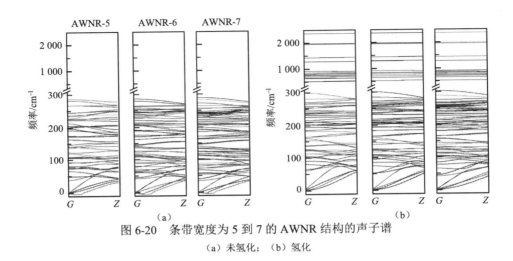

图 6-20　条带宽度为 5 到 7 的 AWNR 结构的声子谱
(a) 未氢化；(b) 氢化

部分氢化的 ZWNR 的声子谱绘制在图 6-21 中，同样由于氢原子的引入，体系在低频区基本不存在虚频且声子谱截断频率在 2 300 cm^{-1} 附近。

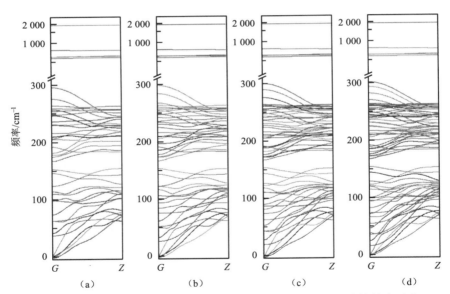

图 6-21　条带宽度从 4 到 7 的部分氢化 ZWNR 部分氢化结构的声子谱
(a) ZWNR-4；(b) ZWNR-5；(c) ZWNR-6；(d) ZWNR-7

将计算得到的声子热导值对条带宽度进行线性拟合，可得到图 6-22（d）中的线性回归直线。对于未氢化和全氢化的 ZWNR，以及部分氢化的 ZWNR，线性相关系数分别可达到 0.926、0.969 和 1.000，斜率分别为 0.219 W·m^{-1}·K^{-1}、0.183 W·m^{-1}·K^{-1} 和

$0.305\ \text{W}\cdot\text{m}^{-1}\cdot\text{K}^{-1}$，垂直截距分别为 $0.079\ \text{nW}\cdot\text{K}^{-1}$、$0.134\ \text{nW}\cdot\text{K}^{-1}$ 和 $0.106\ \text{nW}\cdot\text{K}^{-1}$。这里线性回归的斜率值代表着条带每增加单位宽度所带来的声子热导值的提高，WSe_2 条带的斜率为 $0.18\sim0.22\ \text{W}\cdot\text{m}^{-1}\cdot\text{K}^{-1}$，远小于石墨烯纳米条带[25]的数值 $0.7\sim1.2\ \text{W}\cdot\text{m}^{-1}\cdot\text{K}^{-1}$。另外将线性回归直线反向外延至条带宽度为零的情况，便可得到垂直截距，垂直截距的数值代表着边缘不规则效应对 WSe_2 条带声子热导值的作用约为 $0.1\ \text{nW}\cdot\text{K}^{-1}$。

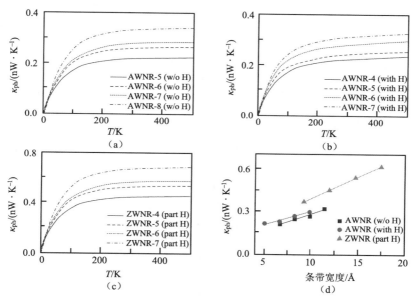

图 6-22 WSe_2 条带热导值随温度变化情况及热导值对条带宽度的线性回归拟合直线

6.2.4 高热电优值和边缘不规则效应

根据前面的猜测，WSe_2 条带之所以能够展现出优异的热电性能，主要取决于条带体系的边缘不规则效应，也即是边缘处悬挂键的孤电子对电子结构的调控。为了验证猜测是否合理，本书将未氢化和全氢化的 AWNR 进行热电因子的分析对比，见图 6-23。如前所述，条带宽度为 5 的未氢化 AWNR 呈现金属性，在化学势 μ 为零时电子热导值 κ_{el} 仍具有正的数值，因为此时价带中的电子能被激发到导带中参与电子输运，这点不同于其他半导体条带（即条带宽度大于 5 的 AWNR）。由于泽贝克系数往往与电子带隙值正相关，金属性的存在也使得条带宽度为 5 的未氢化 AWNR 的泽贝克系数低于其他半导体条带。对 AWNR 边缘处的悬挂键进行氢钝化后，条带的电子带隙值相近，热电因子变化曲线也趋于一致。

未氢化的 AWNR 具有很优异的热电优值，条带宽度为 6 的 AWNR 在室温下的热电优值可达 2.2，为二维 WSe$_2$ 体系（室温下热电优值约为 0.8[22]）的 2～3 倍，足以和目前报道的优秀热电材料匹敌（SnSe 在 923 K 下的热电优值为 2.6[20]）。氢原子的引入使得条带边缘悬挂键上孤电子得以稳定，边缘不规则效应减弱，热电性能也随之降低（对比未氢化和全氢化的条带宽度为 6 的 AWNR），而且不同宽度的条带在热电性能上差异不大，这些都说明了边缘不规则对热电性能提升所起的决定性作用。部分氢化的 ZWNR 的热电分析则展示在图 6-24 中，由于锯齿型条带呈现金属性，泽贝克系数明显小于扶手椅型条带，导致热电性能差于扶手椅型条带，最高热电优值仅为 0.92。这也说明，在热电应用方面，条带取向的选择也是重要的考虑因素，归根结底为电子结构的不同。

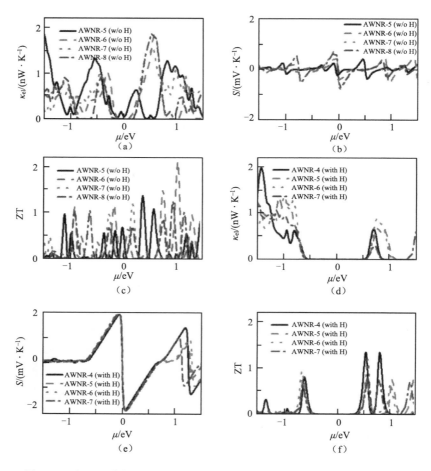

图 6-23　室温下未氢化和全氢化 AWNR 的热电因子及热电优值对比

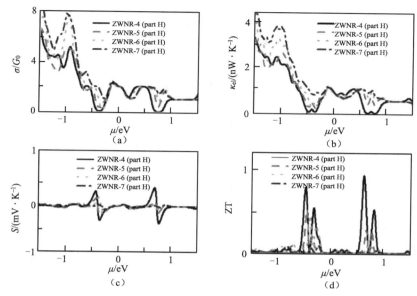

图 6-24 室温下部分氢化 ZWNR 的热电因子

最后，本书还探索了未氢化和全氢化的 AWNR 最大热电优值的温度相关性。热电优值的定义中与温度正相关，随着温度的升高，热电优值应当有上升的趋势。如图 6-25 所示，条带宽度为 6 的未氢化 AWNR 呈现最大热电性能的温度值大约为 400 K，此时的热电优值约为 2.5，也暗示着这一类材料若应用于热电领域，最佳工作温度在 400 K 附近。

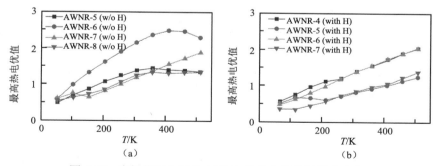

图 6-25 未氢化和全氢化 AWNR 的热电优值随温度变化

参 考 文 献

[1] 王晓明. 低维碳材料热及热电输运的第一性原理研究[D]. 广州：中山大学.2014.

[2] 陈楷炫. 二维材料热特性的第一性原理研究[D]. 广州：中山大学.2017.

[3] Chang C H, Fan X F, Lin S H, et al. Orbital analysis of electronic structure and phonon dispersion in MoS_2, $MoSe_2$, WS_2, and WSe_2 monolayers under strain[J]. Phys Rev B, 2013, 88(19): 195420.

[4] Huang W, Luo X, Gan C K, et al. Theoretical study of thermoelectric properties of few-layer MoS_2 and WSe_2[J]. Phys Chem Chem Phys, 2014, 16(22): 10866-10874.

[5] Bhattacharyya S, Pandey T, Singh A K. Effect of strain on electronic and thermoelectric properties of few layers to bulk MoS_2[J]. Nanotechnology, 2014, 25(46): 465701.

[6] Cai Y, Bai Z, Pan H, et al. Constructing metallic nanoroads on a MoS_2 monolayer via hydrogenation[J]. Nanoscale, 2014, 6(3): 1691-1697.

[7] Ding Y, Wang Y, Ni J, et al. First principles study of structural, vibrational and electronic properties of graphene-like MX_2 (M=Mo, Nb, W, Ta; X=S, Se, Te) monolayers[J]. Physica B, 2011, 406(11): 2254-2260.

[8] Sahin H, Tongay S, Horzum S, et al. Anomalous Raman spectra and thickness-dependent electronic properties of WSe_2[J]. Phys Rev B, 2013, 87(16): 165409.

[9] Seifert G, Terrones H, Terrones M, et al. Structure and electronic properties of MoS_2 nanotubes[J]. Phys Rev Lett, 2000, 85(1): 146-149.

[10] Seifert G, Terrones H, Terrones M, et al. On the electronic structure of WS_2 nanotubes[J]. Solid State Commun, 2000, 114(5): 245-248.

[11] Zibouche N, Kuc A, Heine T. From layers to nanotubes: transition metal disulfides TMS_2[J]. Eur Phys J B, 2012, 85(1): 49.

[12] Johnson V A, Lark-Horovitz K. Theory of thermoelectric power in semiconductors with applications to germanium[J]. Phys Rev, 1953, 92(2): 226-232.

[13] Huang W, Da H, Liang G. Thermoelectric performance of MX_2 (M=Mo, W; X=S, Se) monolayers[J]. J Appl Phys, 2013, 113(10): 104304.

[14] Wickramaratne D, Zahid F, Lake R K. Electronic and thermoelectric properties of few-layer transition metal dichalcogenides[J]. J Chem Phys, 2014, 140(12): 124710.

[15] Chen K X, Wang X M, Mo D C, et al. Substrate effect on thermal transport properties of graphene on SiC(0001) surface[J]. Chem Phys Lett, 2015, 618: 231-235.

[16] Jiang J W, Wang J S, Li B W. A nonequilibrium Green's function study of thermoelectric properties in single-walled carbon nanotubes[J]. J Appl Phys, 2011, 109(1): 014326.

[17] Tang X, Xie W, Li H, et al. Preparation and thermoelectric transport properties of high-performance p-type Bi_2Te_3 with layered nanostructure[J]. Appl Phys Lett, 2007, 90(1): 012102.

[18] Cao Y Q, Zhao X B, Zhu T J, et al. Syntheses and thermoelectric properties of Bi_2Te_3/Sb_2Te_3 bulk nanocomposites with laminated nanostructure[J]. Appl Phys Lett, 2008, 92(14): 143106.

[19] Guo R Q, Wang X J, Kuang Y D, et al. First-principles study of anisotropic thermoelectric transport properties of IV-VI semiconductor compounds SnSe and SnS[J]. Phys Rev B, 2015, 92(11): 115202.

[20] Zhao L D, Lo S H, Zhang Y, et al. Ultralow thermal conductivity and high thermoelectric figure of merit in SnSe crystals[J]. Nature, 2014, 508(7496): 373-377.

[21] Wang X M, Lu S S. Thermoelectric transport in graphyne nanotubes[J]. J Phys Chem C, 2013, 117(38): 19740-19745.

[22] Chen K X, Wang X M, Mo D C, et al. Thermoelectric properties of transition metal dichalcogenides: from monolayers to nanotubes[J]. J Phys Chem C, 2015, 119(47): 26706-26711.

[23] Wang Q H, Kalantar-Zadeh K, Kis A, et al. Electronics and optoelectronics of two-dimensional transition metal dichalcogenides[J]. Nat Nanotechnol, 2012, 7(11): 699-712.

[24] Amin B, Kaloni T P, Schwingenschlögl U. Strain engineering of WS_2, WSe_2, and WTe_2[J]. RSC Advances, 2014, 4(65): 34561.

[25] Tan Z W, Wang J S, Gan C K. First-principles study of heat transport properties of graphene nanoribbons[J]. Nano Lett, 2011, 11(1): 214-219.

第7章　VA族二维材料的热电输运

石墨烯引发了二维材料的研究热潮，二维材料由于其奇特的性能和二维平面结构，吸引了很多学者的注意，他们致力于探索设计出新的二维材料，用于丰富二维家族，提供各种功能化应用。从石墨烯、硅烯到磷烯，研究的内容逐渐从第四主族（ⅣA）元素扩展到了第五主族（ⅤA）元素。磷烯在近几年来受到广泛的关注，而以砷、锑、铋为元素组成的VA族二维材料在研究上则相对缺乏，很多潜在特性尚待挖掘。为了寻求高性能的热电材料，本书将眼光转到了由VA族高周期元素组成的二维材料上，主要是考虑到高周期原子的原子质量较大，在热输运（晶格振动）上阻力较大而使得热导值较低，更适用于热电应用[1, 2]。

7.1　VA族二维材料的结构设计

以VA族元素（砷 As、锑 Sb、铋 Bi）组成的新型二维材料是本章的主要研究内容。VA族二维材料结构主要有两类：第一类是具有与硅烯类似的六方晶格体系，归属于 D_{3d} 点群，见图7-1，本书将其称为弯曲型（buckled）体系；第二类则具有与磷烯类似的立方体系，归属于 C_{2v} 点群，见图7-2，本书将其称为褶皱型（puckered）体系。

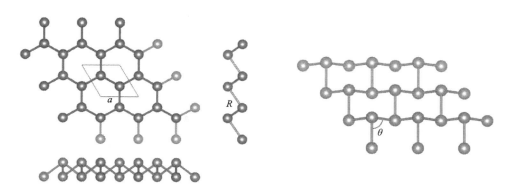

图7-1　弯曲型VA族二维材料的结构示意图

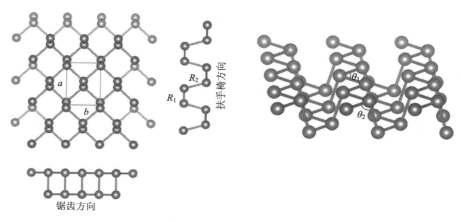

图 7-2 褶皱型 V A 族二维材料的结构示意图

利用 Quantum ESPRESSO 软件，对由砷、锑和铋组成的弯曲型和褶皱型二维材料进行研究。首先是进行结构优化，选用来自 SSSP 赝势库[3]中 Perdew-Burke-Ernzerhof（PBE）框架下的赝势函数，设置了 14 Å 的真空层，总能计算和电子密度的截断能分别设置为 40 Ry 和 320 Ry，k 点网格为 Monkhorst-Pack 的 $15\times15\times1$ 网格，结构优化的受力收敛和总能收敛标准分别设置为 10^{-6} Ry/Bohr 和 10^{-5} Ry，结构优化后的晶格参数分别列在表 7-1 和表 7-2 中。

表 7-1 弯曲型 V A 族二维材料的晶格参数数据表

结构	a/Å	R/Å	θ/°
弯曲型砷烯	3.61	2.51	92.1
弯曲型锑烯	4.12	2.89	91.1
弯曲型铋烯	4.29	3.03	90.0

表 7-2 褶皱型 V A 族二维材料的晶格参数数据表

结构	a/Å	b/Å	R_1/Å	R_2/Å	θ_1/°	θ_2/°
褶皱型砷烯	4.76	3.68	2.51	2.49	94.6	100.6
褶皱型锑烯	4.75	4.35	2.94	2.86	95.4	102.5
褶皱型铋烯	4.73	4.51	3.12	3.04	92.5	104.7

在这里有一点必须提及，对于锑烯和铋烯而言，褶皱型 V A 族二维材料还进一步可细分为两种结构，分别为 α-结构和 αw-结构，具体形式在图 7-3 中展示。α-Sb/Bi 和 αw-Sb/Bi 结构上的区别在于上下原子层是否平行，平行则为 α-Sb/Bi 结构，否则为 αw-Sb/Bi 结构。本书利用 Quantum ESPRESSO 软件对这两种不同

的体系计算声子谱，发现 α-Sb/Bi 的声子谱上存在明显的虚频，这暗示着 α-Sb/Bi 结构的热力学不稳定性；αw-Sb/Bi 结构不存在明显的虚频，表明其为热力学偏好的结构。如此在后面的研究中，本书只针对热力学偏好的 αw-Sb/Bi 结构，并用褶皱型体系来简称 αw-Sb/Bi 结构。

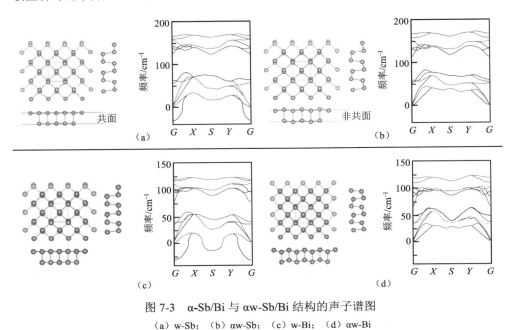

图 7-3　α-Sb/Bi 与 αw-Sb/Bi 结构的声子谱图
（a）w-Sb；（b）αw-Sb；（c）w-Bi；（d）αw-Bi

7.2　VA 族二维材料的输运特性

7.2.1　声子谱与热力学稳定性

能量最优化的弯曲型和褶皱型原子结构体系见图 7-4，之后采用非平衡格林函数的方法研究声子透射及声子热导的特性，为了满足非平衡格林函数的近邻相互作用，本书使用了 2×2 超胞而非原胞来进行密度泛函微扰理论的声子计算。声子谱是第一性原理计算中用于衡量体系结构热力学稳定性的关键参数，对二维弯曲型体系和褶皱型体系，声子谱的绘制分别沿着高对称点路径"G（0，0，0）—M（1/2，0，0）—K（1/3，1/3，0）—G（0，0，0）"和"G（0，0，0）—X（1/2，0，0）—S（1/2，-1/2，0）—Y（0，-1/2，0）—G（0，0，0）"。从声子谱可以看到这几种结构在低频区声子模式上都不存在明显的虚频，说明这些结构在热力学方面有着较高的稳定性，也为后面的研究提供了有力的证据。

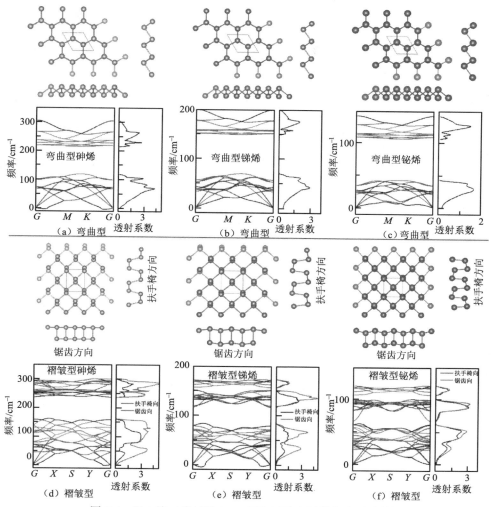

图 7-4 VA 族二维材料 2×2 超胞下的声子谱和声子透射图

同时,在这些二维材料的声子谱中都出现了声子频率带隙,随着原子质量的提高(从砷烯、锑烯到铋烯),声子谱的截断频率逐渐减小,主要原因是重原子体系的晶格振动阻力大,导致高频率的振动模式更难出现。需要指出的是,褶皱型体系和磷烯一样具有结构上的各向异性,表现为图 7-4(d)~(f)所示的扶手椅型和锯齿型方向上的不同。结构上的各向异性也导致了声子透射数值上的各向异性,褶皱型 VA 族二维材料在锯齿型方向上的透射值大于扶手椅型方向上的对应值,由于声子热导值与透射值正相关,可以预测褶皱型体系的锯齿型方向为热输运的偏优方向。另外,褶皱型体系在扶手椅型和锯齿型方向上声子透射谱的差异随着原子质量的提高也逐渐减小,这可能是因为热输运性能随原子质量提高而剧烈下降，导致热输运各向异性减弱。

7.2.2 电子结构

在电子结构计算中，本书采用了 Rappe-Rabe-Kaxiras-Joannopoulos 方法的超软赝势函数，加入 d 轨道电子作用的考虑，在自洽场计算中采用了 Monkhorst-Pack 方法 $7\times7\times1$ 的 k 点网格，设置了 14 Å 的真空层，总能计算和电子密度的截断能分别设置为 40 Ry 和 320 Ry。

利用 WanT 软件，采用最大性局域化 Wannier 函数（MLWF）方法计算布里渊区各个 k 点上的布洛赫函数，对于弯曲型体系和褶皱型体系，分别设置了 46 个和 126 个 Wannier 函数，得到以 MLWF 为基的电子哈密顿矩阵，并以此绘制电子能带图和计算电子透射系数。为了验证 Wannier 函数方法的准确性，本书以二维弯曲型锑烯为例，将计算得到的电子能带与密度泛函理论计算直接绘制的电子能带进行对比，见图 7-5。二维弯曲型锑烯的电子能带图沿着高对称点路径"$G(0, 0, 0)—M(1/2, 0, 0)—K(1/3, 1/3, 0)—G(0, 0, 0)$"进行绘制。可以看到在冻结窗口 -2～2 eV 之间，由密度泛函计算和 MLWF 方法计算得到的电子能带拟合得很好，说明最大性局域化 Wannier 函数可以有效地描述密度泛函理论得到的电子哈密顿量，为后面电子结构及电子输运的计算提供了准确性的保证。

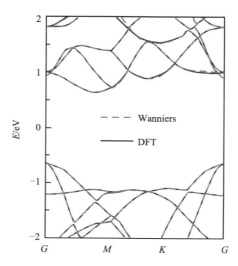

图 7-5 二维弯曲型锑烯的电子能带计算结果对比

分别用 Wanniers 函数方法和 DFT 方法计算

本书利用 Wannier 函数方法，研究了这几类结构的电子结构，计算得到的结果与其他学者的数据也颇为一致。如计算得出砷烯的电子结构与 Kecik 等[4]、Cao

等[5]的工作很接近,同时 Aktürk 等[6]的工作中研究了二维锑烯的稳定性和电子结构,并发现弯曲型和褶皱型锑烯的电子带隙分别为 1.04 eV 和 0.16 eV,计算得到二维弯曲型和褶皱型铋烯[7]的电子带隙分别为 0.547 eV 和 0.28 eV,这与本书计算数据中沿着高对称点路径"Y—G"的数值很接近。但有一点需要注意,对于褶皱型的锑烯和铋烯,最小带隙值出现的点并不处于高对称点上,实际出现的倒空间 k 点位置分别在(0.04, 0.25, 0)和(0.055, 0.255, 0),在图 7-6(d)和图 7-6(f)中将该 k 点定义为 A 点进行展示。

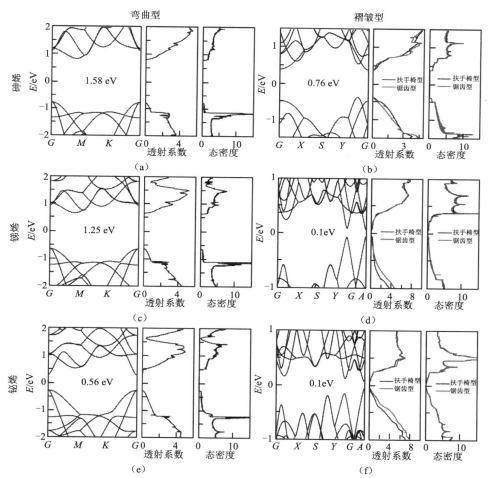

图 7-6　VA 族二维材料 2×2 超胞的电子能带、电子透射和态密度图

无论是弯曲型体系还是褶皱型体系,从电子能带中可以看到它们都属于半导体,见图 7-6。随着原子质量的提高,二维弯曲型材料的电子带隙逐渐降低,从砷烯的 1.58 eV、锑烯的 1.25 eV 到铋烯的 0.56 eV。与弯曲型体系相比,褶皱型体系

的电子带隙值小了很多,从砷烯的 0.76 eV 到锑烯和铋烯的 0.1 eV。二维褶皱型体系结构上的各向异性也体现在电子透射谱上,沿着扶手椅型和锯齿型方向,电子透射值明显不同但差异性很小,也就是说,褶皱型体系结构上的各向异性导致声子输运上强的各向异性,却只对电子输运的各向异性起到较弱的作用。另外态密度的数值来自于每个能量下态数目的积分,与输运方向无关,故其在扶手椅和锯齿方向上的数值一致,没有各向异性。

众所周知,相比于 GW 方法和杂化泛函(HSE)方法,传统的密度泛函理论往往低估了电子带隙的数值,然而在本章的研究中更多考虑的是热电性能的探索。由于 GW 方法和杂化泛函方法的修正并不会影响体系的有效质量[8],也就是不会对热电性能数值有很大影响,而只会影响到最大热电优值出现位置所在的化学势。因此在本章中依旧采用了密度泛函理论进行研究,原因是相比于 GW 方法和杂化泛函方法,密度泛函理论的计算资源要求明显偏低。受限于有限的计算资源,本书在满足计算结果准确性的前提下会对计算参数进行优化,忽略其他修正方法的影响。

7.3 VA 族二维材料的热电性能

7.3.1 热电因子分析

接下来本书对 VA 族二维材料的热电性能进行探索,并了解热电因子对热电优值的影响。二维弯曲型体系和褶皱型体系的热电因子随化学势的变化曲线展示在图 7-7 中。如图 7-7 所示,由于该二维家族呈现的半导体特性,费米能级位于价带和导带间,在费米能级处存在电子带隙。在化学势较低的位置,价带上的电子无法跃迁到导带中,因此电导值 σ 和单位截面积电子热导值 κ_{el}/A 基本为零,虽然 Wiedemann-Franz 法则并不能精准地适用于半导体体系,然而还是能看到电导值与单位截面积电子热导值随化学势变化的趋势几乎一致,这源于两者都与电子的透射值有着正相关的联系。

与弯曲型体系相比,褶皱型体系因为电子带隙小而有着较高的电导值。同时根据 Johnson 和 Lark-Horovitz[9]与 Fan 等[10]的工作,泽贝克系数(S)与电子带隙值(E_g)具有以下的关系

$$S \approx -(k_B/e)(E_g/2k_BT + 2) \qquad (7\text{-}1)$$

式中,k_B 为玻尔兹曼常量。从定性上描述,具有高电子带隙的体系往往具有高的泽贝克系数,因此弯曲型体系的泽贝克系数明显大于相对应的褶皱型体系。另外,单位截面积声子热导值 κ_{ph}/A 随着体系中原子质量的提高急剧下降,这与前文描述的重原子由于质量较大难以进行有效的晶格振动模式有关。由于所研究的 VA 族

二维体系具有较高的泽贝克系数和较低的声子热导值，热电性能非常优异。在室温下，二维弯曲型的锑烯拥有最大的热电优值，为 2.15，这基本上是目前在二维本征材料中发现的最大数值，参考表 7-3 所列出的数据。

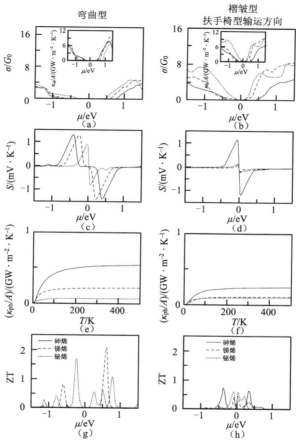

图 7-7 二维弯曲型和褶皱型 ⅤA 材料的热电因子

其中褶皱型体系只展示扶手椅型输运方向

表 7-3 室温下二维材料最大热电优值

二维单层	室温下最大热电优值
石墨烯	0.009 4[11]
石墨炔	0.157[11]
硅烯	0.36[12]
锗烯	0.41[12]
黑磷	>0.6[13], 1.44[12]
褶皱型砷烯	0.85[14]
MoS_2	0.75[15], 0.58[16], 1.35[17]

续表

二维单层	室温下最大热电优值
$MoSe_2$	0.88[15], 1.39[17]
WS_2	0.72[15], 1.52[17]
WSe_2	0.91[15], 1.88[17]
弯曲型锑烯	2.15

由于褶皱型体系具有结构上各向异性,在扶手椅型和锯齿型两个方向上输运特性略有不同,将对比图展示在图 7-8 中。无论是扶手椅型输运方向还是锯齿型输运方向,电子带隙值都是一样的,因此泽贝克系数在数值上极为接近,区别主要还在于单位截面积声子热导值 κ_{ph}/A 的数值上。正如前文分析,扶手椅型输运方向上的声子透射值要低于相对应锯齿型输运方向上的数值,并且这种差别随着原子质量的增大而减小。这体现为扶手椅型输运方向上的声子热导数值上小于锯齿型输运方向上的声子热导,而且从砷烯、锑烯到铋烯,各向异性逐渐减小。

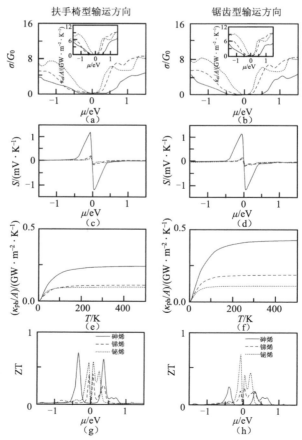

图 7-8 二维褶皱型 VA 材料在扶手椅型和锯齿型的输运方向上的热电因子

7.3.2 应力效应对热电性能的提升

应力效应对声子输运和电子能带有调节作用[18],为了使二维锑烯能在热电优值上取得最佳,对其施加拉伸应力。通过控制材料晶格参数逐渐增大以使得所施加的双轴拉伸应力增大,本书以形变比例Strain%作为自变量来描述拉伸应力的大小,即$Strain\% = (a_{Strain} - a_0)/a_0$,其中$a_0$为二维锑烯的本征晶格参数,$a_{Strain}$为二维锑烯在应力施加下的晶格参数。结果发现,在较小的拉伸形变下二维弯曲型锑烯的热电优值有增大的趋势,在3%点附近达到2.9的最高热电优值,而后拉伸形变的增大反而起抑制作用,见图7-9。

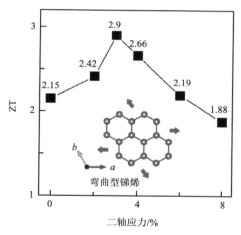

图7-9 室温下二维弯曲型锑烯的最大热电优值随应力的变化曲线图

热电性能的提升机理来源于电子结构和声子结构的改变:一方面,拉伸应力的施加调整了弯曲型锑烯的电子结构(图7-10),改变了电子带隙,在0%~2%的拉伸形变下,电子带隙随着应力的增大而增大,在>2%的拉伸形变下,电子带隙随应力的增大而减小,体系的泽贝克系数与电子带隙成正相关关系,因此在2%~3%拉伸应力附近,体系有着较大的泽贝克系数;另一方面,拉伸应力对二维弯曲型锑烯的声学声子谱有较大的影响(图7-11和图7-12),在拉伸形变较小的情况下(0%~3%),弯曲型锑烯的声子热导值随着应力的增大而减小,在拉伸形变较大的情况下(>3%),声子热导值随着应力的增大而增大。根据热电优值的定义式,若想获得较高的热电优值,必须保证有较低的热导值及较高的泽贝克系数,正是这两者的协同作用,才使得在3%双轴拉伸应力下,二维锑烯能达到最好的热电性能。

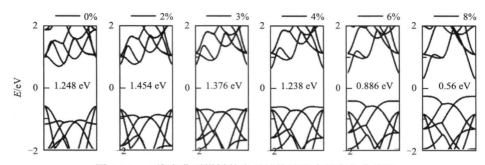

图 7-10　二维弯曲型锑烯的电子结构随应力的变化曲线图

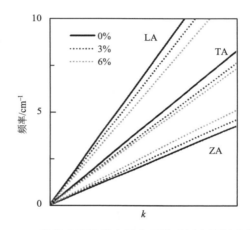

图 7-11　二维弯曲型锑烯声学声子模受压力的影响变化图

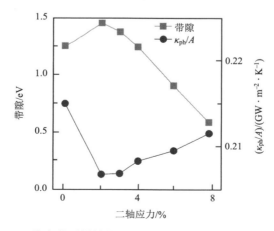

图 7-12　室温下二维弯曲型锑烯的电子带隙和声子热导值随应力的变化曲线图

在最新的报道中,低层数弯曲型锑烯在实验中已经被制备,并且被证明能稳定存在常规环境中[19,20]，本书对二维弯曲型锑烯高热电性能的预测无疑会为后期的材料应用提供有价值的指导，也将使二维弯曲型锑烯成为新型高潜力的热电材料。

7.4 磷 烯

7.4.1 二维磷烯结构

石墨烯是由第四主族碳元素组成的二维平面材料，而磷烯则是由第五主族的磷元素组成。由于磷原子的价电子层有 5 个电子，磷烯在结构上与石墨烯有较大的不同。黑磷结构是磷烯中重要的一种，图 7-13 为其结构示意图，二维单层磷烯的单胞结构在图 7-13（a）中用虚线框标出。磷烯在平面上存在各向异性，沿着锯齿型和扶手椅型输运方向上的原子排列存在明显差异。

Fei 等[13]通过第一性原理的方法计算了黑磷的声子谱，结果如图 7-14 所示，三条声学声子分支都没有虚频出现，代表着磷烯存在的合理性，但在此必须指出，磷烯在自然环境下的稳定性并不好，这点也限制了它的应用范围。由于磷烯具有结构上的各向异性，导致其在热输运上也存在着各向异性。Ong 等[21]研究了磷烯在锯齿型和扶手椅型输运方向的热输运特性。通过对这两个方向施加应力，计算应力下的热导值。当对磷烯的扶手椅型输运方向上施加拉伸应力时，磷烯无论在扶手椅型还是锯齿型输运方向上的热导值都受到抑制；而当磷烯受到锯齿型输运方向上的拉伸应力时，其锯齿型输运方向上的热导值得以提升而扶手椅型输运方向上的热导值依旧受到抑制，如图 7-15 所示。这种各向异性为磷烯在热输运性能的应用上提供了调节机制，也有利于其在热电应用方面的性能调控。

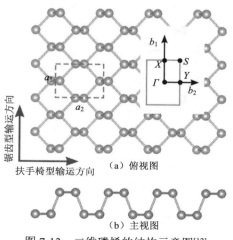

图 7-13 二维磷烯的结构示意图[12]

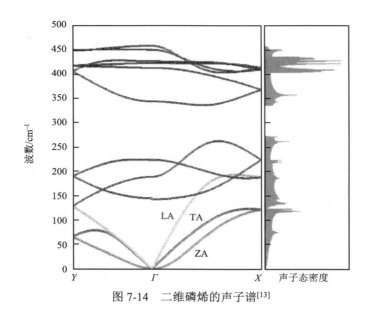

图 7-14 二维磷烯的声子谱[13]

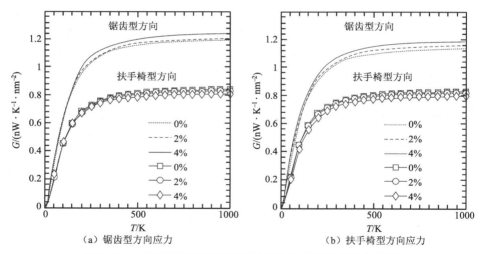

（a）锯齿型方向应力　　　　　　　　　（b）扶手椅型方向应力

图 7-15 二维磷烯的热导随不同输运方向应力的变化曲线[21]

Fei 等[13]研究了磷烯在锯齿型和扶手椅型输运方向上的热电输运特性，发现磷烯的锯齿型方向为热学性能较优方向，而扶手椅型方向为电学性能较优方向，见图 7-16。这说明磷烯在扶手椅型方向上为热电输运的较优方向，通过合适的掺杂浓度（2×10^{16} m^{-2}），其在室温下的热电优值能达到 1，足以与商业应用的热电材料性能媲美。

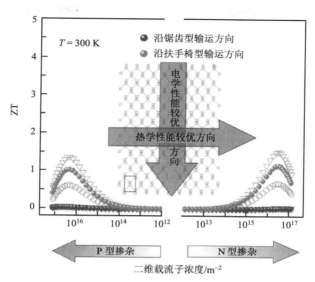

图 7-16 二维磷烯在锯齿型和扶手椅型输运方向上的热电优值[13]

7.4.2 一维磷烯结构

与石墨烯条带类似,通过对二维单层磷烯结构不同方向进行剪切,可以得到一维磷烯条带,有锯齿型和扶手椅型两种条带,结构如图 7-17 所示。由于二维磷烯结构上的各项异性,一维锯齿型和扶手椅型的磷烯条带在结构上存在很大的不同,同时本书用 n 来表示条带的宽度,其代表了条带由 n 个原子宽度组成。

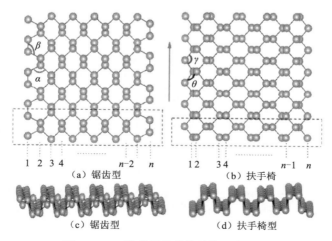

图 7-17 一维磷烯条带的结构示意图[22]

其中用 n 代表条带宽度

Lv 等[12]采用玻尔兹曼输运方法研究了磷烯的热电性能受应力效应的作用机制，发现锯齿型磷烯条带在应力作用下能导致热电性能的提升，这主要是源于泽贝克系数和电导的同时提升，在5%应力附近，热电优值可达到1.65，见图7-18。而对于扶手椅型磷烯条带，其最大热电性能出现在无应力的情况下，此时热电优值可达到1.44。

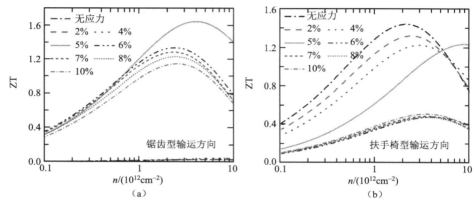

图7-18 二维磷烯（a）锯齿型和（b）扶手椅型输运方向上的
热电优值随应力的变化曲线[12]

Zhang 等[22]也对不同条带宽度（宽度为7～9）的扶手椅型磷烯条带做了研究，发现这些磷烯条带体系都呈现了优异的热电性能，其中条带宽度为9的磷烯条带在室温下的热电优值可达到6.4，远远高于商用的热电材料，见图7-19。这个结果无疑证明了磷烯作为高潜力热电材料的价值，也印证了低维化技术在热电领域的促进作用。

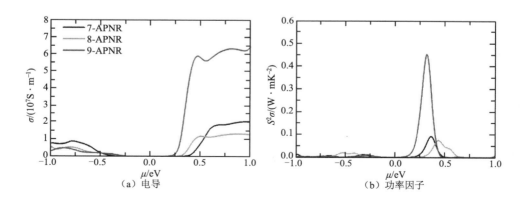

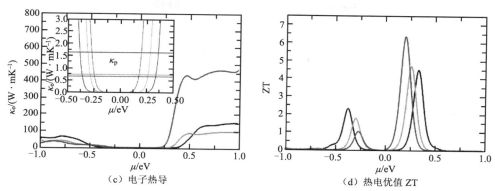

(c) 电子热导 (d) 热电优值 ZT

图 7-19　锯齿形磷烯条带的热电因子随化学势的变化[22]

(c) 中的插图展现的是声子热导的曲线

参 考 文 献

[1] 王晓明. 低维碳材料热及热电输运的第一性原理研究[D]. 广州：中山大学. 2014.

[2] 陈楷炫. 二维材料热特性的第一性原理研究[D]. 广州：中山大学. 2017.

[3] Lejaeghere K, Bihlmayer G, Björkman T, et al. Reproducibility in density functional theory calculations of solids[J]. Science, 2016, 351(6280): aad3000.

[4] Kecik D, Durgun E, Ciraci S. Stability of single-layer and multilayer arsenene and their mechanical and electronic properties[J]. Phys Rev B, 2016, 94(20): 205409.

[5] Cao H W, Yu Z Y, Lu P F. Electronic properties of monolayer and bilayer arsenene under in-plain biaxial strains[J]. Superlattices Microstruct, 2015, 86: 501-507.

[6] Aktürk O Ü, Özçelik V O, Ciraci S. Single-layer crystalline phases of antimony: antimonenes[J]. Phys Rev B, 2015, 91(23): 235446.

[7] Aktürk E, Aktürk O Ü, Ciraci S. Single and bilayer bismuthene: stability at high temperature and mechanical and electronic properties[J]. Phys Rev B, 2016, 94(1): 014115.

[8] Pei Y, Wang H, Snyder G J. Band engineering of thermoelectric materials[J]. Adv Mater, 2012, 24(46): 6125-6135.

[9] Johnson V A, Lark-Horovitz K. Theory of thermoelectric power in semiconductors with applications to germanium[J]. Phys Rev, 1953, 92(2): 226-232.

[10] Fan D D, Liu H J, Cheng L, et al. MoS_2 nanoribbons as promising thermoelectric materials[J]. Appl Phys Lett, 2014, 105(13): 133113.

[11] Wang X M, Mo D C, Lu S S. On the thermoelectric transport properties of graphyne by the first-principles method[J]. J Chem Phys, 2013, 138(20): 204704.

[12] Lv H Y, Lu W J, Shao D F, et al. Enhanced thermoelectric performance of phosphorene by strain-induced band convergence[J]. Phys Rev, B, 2014, 90(8): 085433.

[13] Fei R, Faghaninia A, Soklaski R, et al. Enhanced thermoelectric efficiency via orthogonal electrical and thermal conductances in phosphorene[J]. Nano Lett, 2014, 14(11): 6393-6399.

[14] Medrano Sandonas L, Teich D, Gutierrez R, et al. Anisotropic thermoelectric response in two-dimensional puckered structures[J]. J Phys Chem C, 2016, 120(33): 18841-18849.

[15] Chen K X, Wang X M, Mo D C, et al. Thermoelectric properties of transition metal dichalcogenides: from monolayers to nanotubes[J]. J Phys Chem C, 2015, 119(47): 26706-26711.

[16] Huang W, Da H, Liang G. Thermoelectric performance of MX_2 (M=Mo, W; X=S, Se) monolayers[J]. J Appl Phys, 2013, 113(10): 104304.

[17] Wickramaratne D, Zahid F, Lake R K. Electronic and thermoelectric properties of few-layer transition metal dichalcogenides[J]. J Chem Phys, 2014, 140(12): 124710.

[18] Yeo P S E, Sullivan M B, Loh K P, et al. First-principles study of the thermoelectric properties of strained graphene nanoribbons[J]. J Mater Chem A, 2013, 1(36): 10762.

[19] Ares P, Aguilar-Galindo F, Rodriguez-San-Miguel D, et al. Mechanical isolation of highly stable antimonene under ambient conditions[J]. Adv Mater, 2016, 28(30): 6332-6336.

[20] Ji J P, Song X F, Liu J Z, et al. Two-dimensional antimonene single crystals grown by van der Waals epitaxy[J]. Nat Commun, 2016, 7: 13352.

[21] Ong Z Y, Cai Y, Zhang G, et al. Strong thermal transport anisotropy and strain modulation in single-layer phosphorene[J]. J Phys Chem C, 2014, 118(43): 25272-25277.

[22] Zhang J, Liu H J, Cheng L, et al. Phosphorene nanoribbon as a promising candidate for thermoelectric applications[J]. Sci Rep, 2014, 4: 6452.

第 8 章 二维拓扑绝缘体

热的输运及热电转化的应用固然是热特性的重要内容,但对于电子器件而言,更理想的状态是不存在热问题,即消除根本的发热途径——焦耳热,而拓扑绝缘体恰恰就是这种能杜绝焦耳热产生的功能化材料。拓扑绝缘体作为近几年出现的自旋电子体系,吸引了众多研究学者的关注,成为凝聚态物理中的热点问题。拓扑绝缘体在体结构上具有半导体特性,而在表面或边缘处存在导电表面态,导电表面态受时间反演对称性保护,无视非磁性掺杂的散射作用。拓扑绝缘体中的拓扑针对的是电子的动量空间而非实空间,时间反演对称性则是针对表面态电子的自旋和动量锁定。正是由于反演对称性的存在,使得电子的输运得以严格按照设定的途径进行,好比杂乱无章的车流通过固定的车道来约束行驶。这样一来,电子之间的碰撞便不存在,也就杜绝了电子焦耳热的产生[1, 2]。

受启发于 Andriotis 等[3]关于对 Si_2BN 进行理论预测的文献,本章中大胆扩展,利用高周期原子对 Si_2BN 进行替代,设计了一种由铅、镓/铟、锑/铋组成,并通过氢原子进行表面钝化的新型二维家族,结构组成分子式可用氢化 Pb_2XY(X=Ga/In,Y=Sb/Bi)表示,该新型二维家族被证实为拓扑绝缘体。选择高周期的原子进行替代主要是考虑到了重原子具有更强的自旋-轨道耦合效应[4],而在拓扑绝缘体中正是因为自旋-轨道耦合作用才使得表面电子态出现了自旋和动量的锁定,也是拓扑绝缘体存在的本质原因。

8.1 体 系 结 构

8.1.1 原子结构

新型二维家族氢化 Pb_2XY 的原子结构示意图在图 8-1 中进行了展示,在 xy 平面上具有与石墨烯 2×2 超胞类似的结构,而通过观察主视图和斜视图可以知道该家族并非是与石墨烯一样的单原子厚度的二维体系,而是在 z 方向上存在原子层的褶皱,为了方便后面的描述,本书将这个褶皱厚度用 d_X(X 表示 Ga 或 In 原子)来表示,代表了在 z 方向上相隔最远的两个重原子(不包括氢原子)的距离,见图 8-1(b)。

氢化 Pb_2XY 体系为单斜体系，归属于 $C_{2/m}$ 点群，每个晶胞内有 4 个 Pb 原子、2 个 Ga/In 原子、2 个 Sb/Bi 原子，另外使用 8 个氢原子用于上下表面钝化，主要目的是稳定 Pb_2XY 体系上下表面原子，提高体系的热力学稳定性。氢原子的分布上下均衡，相邻重原子所连接的氢分别位于上下两个表面，这样可以保证体系具有反对称性（inversion symmetry），具有反对称性的体系可以通过拓扑不变量的普适计算来验证是否呈现拓扑非平凡特性。上下间隔分布的另一个好处是氢原子相隔较远，空间位阻也较小，同样对提高体系的稳定性有帮助。在第一性原理计算中，倒格子的第一布里渊区尤为重要，如图 8-1（d）所示，该体系倒格子的第一布里渊区，为六边形结构（与石墨烯不同，并不是正六边形结构），高对称点主要为位于六边形中心和边中点上的 G（0，0，0）、A（-0.5，0，0）、M（-0.5，-0.5，0）和 Z（0，-0.5，0）。

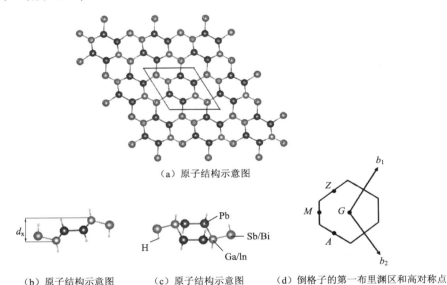

（a）原子结构示意图

（b）原子结构示意图　　（c）原子结构示意图　　（d）倒格子的第一布里渊区和高对称点

图 8-1　氢化 Pb_2XY 的结构及布里渊区示意图

本书利用 VASP 软件对该家族进行结构优化，为了避免相邻镜像产生的层间作用，在 z 方向加入了不小于 14 Å 的真空层。结构优化过程中采用了投影缀加平面波（PAW）的赝势函数和基于 Perdew-Burke-Ernzerhof（PBE）方法的交换-关联势。本书设置了 6×6 的 Monkhorst-Pack 的 k 点网格对倒格子的布里渊区进行划分，截断能设置为 520 eV，以相同两次结构优化过程中的总能变化差异小于 10^{-6} eV 作为收敛标准。有一点必须强调，在结构优化过程中控制不破坏体系的对称性结构，使体系本身具备的反对称性，这点对于后面拓扑不变量的计算尤为重要，若反对称性受到破坏，则不能用拓扑不变量的普适计算来验证拓扑特性。能量最低化的氢化 Pb_2XY 体系的详细晶格参数数据汇总于表 8-1 中。

表 8-1 氢化 Pb$_2$XY 体系的晶格参数及形成能数据表

晶格参数及形成能	单位	Pb$_2$GaSb	Pb$_2$GaBi	Pb$_2$InSb	Pb$_2$InBi
$a=b$	Å	9.45	9.61	9.74	9.87
$\alpha=\beta$	°	122.37	123.67	123.57	125.51
γ	°	59.71	59.71	59.49	59.44
Pb—Pb	Å	3.03	3.03	3.07	3.04
Pb—Ga/In	Å	2.77	2.77	2.99	2.95
Pb—Sb/Bi	Å	2.98	3.06	3.01	3.06
Ga/In—Sb/Bi	Å	2.67	2.77	2.91	2.96
Pb—H	Å	1.82	1.82	1.85	1.82
Ga/In—H	Å	1.57	1.57	1.77	1.74
Sb/Bi—H	Å	1.72	1.8	1.75	1.8
d_X(Ga—Ga，In—In)	Å	2.02	2.29	2.38	2.89
E_f	eV/atom	−0.92	−0.86	−0.81	−0.76

在表 8-1 中，Pb—Pb 键和 Pb—H 键的键长数据在各个体系中数值变化不大，而其他键的键长则随着原子质量的增大而增大。形成能 E_f 定义为氢化 Pb$_2$XY 体系的总能 E 与形成体系的各类元素以单质形式存在时能量总和的差值，即 $E_f = E - 4E_{Pb} - 2E_{Ga/In} - 2E_{Sb/Bi} - 8E_H$，其中 E_{Pb}、$E_{Ga/In}$、$E_{Sb/Bi}$ 和 E_H 分别为 Pb、Ga/In、Sb/Bi 和 H 原子以稳定单质形式存在时所具备的能量，各个系数则代表了在单胞中该原子的个数。在计算中，绝对能量值不具备物理意义，相对能量值才是参考的依据，因此在各种单质的能量计算中必须采用与氢化 Pb$_2$XY 体系相同的赝势函数。若形成能 E_f 为负值，则表示体系的能量比所组成原子均以单质形式存在时的能量总和更低，这意味着体系的形成是能量降低的有利方向，也暗示着体系形成的热力学可行性。从表 8-1 中可以看到氢化 Pb$_2$XY 家族的所有体系都具有负的形成能，这为结构的热力学稳定性提供了有力的证据。

8.1.2 体系稳定性分析

另外，本书利用 Quantum ESPRESSO 软件，采用密度泛函微扰理论的方法对氢化 Pb$_2$XY 体系进行了声子计算并绘制声子谱。声子计算中采用的是基于 Perdew-Zunger（PZ）交换-关联势、Rappe-Rabe-Kaxiras-Joannopoulos 方法的超软赝势函数，q 点网格设置为 2×2×1 的 Monkhorst-Pack 网格，自洽计算的能量收敛标准为 10^{-16} Ry。计算结果如图 8-2 所示，所有氢化 Pb$_2$XY 体系的声子谱结构中均不存在虚频，结合之前所分析的负值形成能，证明了该新二维体系的热力学稳定性。

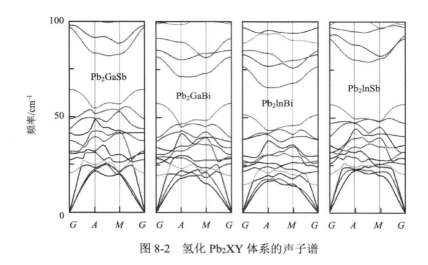

图 8-2　氢化 Pb_2XY 体系的声子谱

同时,为了验证氢化 Pb_2XY 体系在高温下的动力学稳定性,本书还利用 VASP 软件进行不同温度下(300 K、500 K 和 700 K)的分子动力学研究,得到氢化 Pb_2XY 体系在不同温度下的原子结构。经过分子动力学优化后,氢化 Pb_2XY 体系结构变化如图 8-3 所示以 2×2 超胞方式展现。300K 下氢化 Pb_2GaBi 体系基本保持了本征结构,而随着温度继续提高到 500K 和 700K,热激发的存在使得体系增加了些许不稳定度,这与之前其他学者的研究情况很类似[5]。即便如此,500K 下动力学优化后的结构与本征结构差异也很小,高温下的动力学稳定性也得到保证。

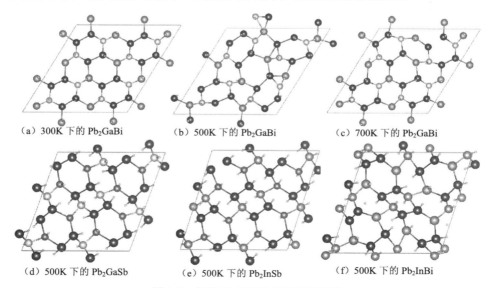

(a) 300K 下的 Pb_2GaBi　　(b) 500K 下的 Pb_2GaBi　　(c) 700K 下的 Pb_2GaBi

(d) 500K 下的 Pb_2GaSb　　(e) 500K 下的 Pb_2InSb　　(f) 500K 下的 Pb_2InBi

图 8-3　氢化 Pb_2XY 体系的模拟结构

8.2 自旋-轨道耦合作用

8.2.1 电子能带

正如前面所述,拓扑绝缘体中本质便是自旋-轨道耦合作用对电子结构的约束,因此探索自旋-轨道耦合作用对氢化 Pb_2XY 体系的电子能带是直接而有效的表征手段。电子能带计算采用 VASP 软件,相关参数与结构优化时类似,电子能带计算选用倒空间高对称 k 点路径 "$M(-0.5,-0.5,0)—A(-0.5,0,0)—G(0,0,0)—Z(0,-0.5,0)$"。电子能带图展示在图 8-4 中,其中灰色的曲线表示氢化 Pb_2XY 体系在没有考虑自旋-轨道耦合效应下的电子能带,此时体系呈现金属性或者具有很小的电子带隙半导体;黑色的曲线表示氢化 Pb_2XY 体系在考虑自旋-轨道耦合作用之后的电子能带,此时电子的自旋与轨道进行发生作用导致能级分裂并重新排列,在费米能级处产生了电子带隙。具体来说,氢化 Pb_2GaSb、Pb_2GaBi、Pb_2InSb 和 Pb_2InBi 的电子带隙数值分别为 0.06 eV、0.25 eV、0.11 eV 和 0.22 eV。

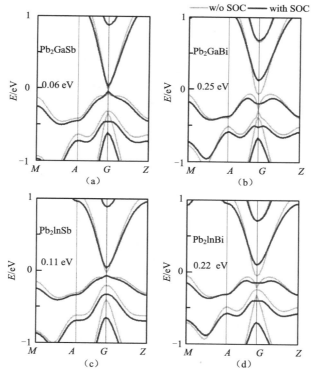

图 8-4 二维氢化 Pb_2XY 体系在是否考虑自旋-轨道耦合作用下的电子能带图

数据显示氢化 Pb_2XBi 比氢化 Pb_2XSb（X=Ga/Sb）具有更大的带隙，这主要是因为 Bi 比 Sb 有更强的自旋-轨道耦合作用，也证实了该作用对拓扑绝缘体的本质性。综上所述，自旋-轨道耦合作用引发了氢化 Pb_2XY 体系的电子带隙，使其呈现半导体特性。

8.2.2 拓扑不变量的计算

拓扑不变量 Z_2 的普适计算被广泛应用于简单直接地判断一个体系是否为拓扑绝缘体，拓扑不变量 Z_2 的计算方法如式（1-13）和式（1-16）所描述。总的来说，当 $v=1$ 时表明体系为拓扑绝缘体并呈现非平凡拓扑特性，当 $v=0$ 时表明体系不是拓扑绝缘体并呈现平凡拓扑特性。

本书利用 Quantum ESPRESSO 软件进行拓扑不变量 Z_2 的普适计算，采用加入相对论效应修正的 Perdew-Burke-Ernzerhof（PBE）赝势函数对氢化 Pb_2XY 体系的能带奇偶性进行计算，对二维体系选取的 4 个时间反演对称性动量（TRIM 点）分别为（0, 0, 0）、（0.5, 0, 0）、（0, 0.5, 0）和（0.5, 0.5, 0）。氢化 Pb_2XY 体系总共有 40 个价电子（Pb 原子有 5 个价电子，Ga/In 有 4 个，Sb/Bi 有 6 个，H 有 1 个），由于每条能带可容纳 2 个电子，只需对价电子占据的 20 条自旋简并能带进行奇偶性分析，详细数据最终汇总在表 8-2 中。对 4 个 TRIM 点的奇偶性相乘可以得到氢化 Pb_2XY 体系的拓扑不变量 Z_2 结果（$v=1$），这意味着体系具有非平凡的拓扑特性，由此证明氢化 Pb_2XY 体系属于拓扑绝缘体新家族。

表 8-2 氢化 Pb_2XY 体系中拓扑不变量的计算

Pb_2InBi	+	−	−	+	−	+	+	−	+	−	+	−	+	−	−	−	(−)
	−	+	+	−	+	+	+	+	+	+	+	+	+	+	−	+	(+)
	−	+	+	−	+	+	+	+	+	+	+	+	+	+	+	−	(+)
	−	+	+	−	+	+	+	+	+	+	+	+	+	+	+	−	(+)
Pb_2GaSb	+	−	−	+	−	+	+	−	+	−	+	−	+	−	−	−	(−)
	−	+	+	−	+	+	+	+	+	+	+	+	+	+	−	+	(+)
	−	+	+	−	+	+	+	+	+	+	+	+	+	+	+	−	(+)
	−	+	+	−	+	+	+	+	+	+	+	+	+	+	+	−	(+)
Pb_2GaBi	+	−	−	+	−	+	+	−	+	−	+	−	+	−	−	−	(−)
	−	+	+	−	+	+	+	+	+	+	+	+	+	+	−	+	(+)
	−	+	+	−	+	+	+	+	+	+	+	+	+	+	+	−	(+)
	−	+	+	−	+	+	+	+	+	+	+	+	+	+	+	−	(+)
Pb_2InSb	+	−	−	+	−	+	+	−	+	−	+	−	+	−	−	−	(−)
	−	+	+	−	+	+	+	+	+	+	+	+	+	+	−	+	(+)
	−	+	+	−	+	+	+	+	+	+	+	+	+	+	+	−	(+)
	−	+	+	−	+	+	+	+	+	+	+	+	+	+	+	−	(+)

8.3 应力效应

晶体结构受应力作用会发生形变，同时也将造成电子结构的改变，因此在工程学中，常常采用应力效应对电子结构进行调控，以达到更好的性能应用。既然应力能极大地影响到材料的电学特性，那么它也必定能对拓扑绝缘体的特性带来改变，归根结底拓扑绝缘体的特别之处正是存在于传导的表面电子态和体结构的绝缘性。

本书对氢化 Pb_2GaBi 体系进行 xy 平面方向施加应力（通过调整晶格参数），应力效应以形变比例 Strain% 表示，即 Strain% $= (a_{Strain} - a_0)/a_0$，其中 a_0 为体系的本征晶格参数，而 a_{Strain} 为体系在应力施加下的晶格参数，其中负值表示压缩形变，正值表示拉伸形变。负值越小，则代表体系受到更大的压缩形变，反之，正值越大则代表体系受到更大的拉伸形变。在这部分研究中，对氢化 Pb_2GaBi 体系施加的双轴应力范围为"–8%～8%"，表示从 –8% 的压缩形变到 8% 的拉伸形变。接下来的电子结构计算中均加入自旋-轨道耦合作用的考虑。

随着形变从压缩作用转化为拉伸作用，氢化 Pb_2GaBi 体系的电子结构变化有明显的规律，见表 8-3 和图 8-5。当氢化 Pb_2GaBi 体系受到大于 4% 的压缩形变（即形变在 –8%～–4% 范围内），Gamma 点附近的电子能带存在一个明显的带隙，在费米能级附近，价带和导带相分开，并随着压缩形变的减小而互相接近，此时表现为平凡的拓扑特性（$v=0$），同时在 M 点处导带穿过费米能级，体系总体呈现金属性。当压缩形变恰好为 4% 时（即形变为 –4% 时），价带和导带相交于类狄拉克点，在这个临界点下，拓扑不变量的计算结果表明氢化 Pb_2GaBi 体系开始转化为非平凡的拓扑特性（$v=1$），拓扑不变量 Z_2 的计算中 20 条自旋简并电子占据的能级奇偶性数据可以从表 8-4 中看到。当压缩应力逐渐减小，甚至变为拉伸应力（即形变在 –4%～8% 范围内），Gamma 点处的价带和导带在自旋-轨道耦合作用下开始进行分裂和重新排列，由自旋-轨道耦合作用而引发的电子带隙逐渐出现，并在形变值的增大下逐渐稳定到 0.37 eV。这也就是说，当形变从 –8% 变化到 8% 过程中，氢化 Pb_2GaBi 体系出现了一个从金属性到半导体、从平凡拓扑特性到非平凡拓扑特性的变化，而在这个过程中，压缩形变为 4% 的点是一个临界点。拓扑特性从平凡到非平凡的转变主要来源于电子能带费米能级附近处价带和导带的能带交换，这与之前 Crisostomo 等[6]报道的研究工作吻合。而氢化 Pb_2InBi、Pb_2GaSb、Pb_2InSb 体系随施加应力变化的转变情况与氢化 Pb_2GaBi 类似，不同之处主要在于临界形变点的移动，相关电子能带随应力变化的情况展现在图 8-6 中。

表 8-3 应力对氢化 Pb$_2$GaBi 体系的电子带隙及拓扑不变量的影响

应力/%	电子带隙/eV	Gamma 点带隙/eV	电子输运	Z_2
-8	0.000	0.328	金属性	平凡
-6	0.000	0.104	金属性	平凡
-4	0.000	0.012	金属性	非平凡
-2	0.213	0.213	半导体	非平凡
0	0.246	0.246	半导体	非平凡
2	0.332	0.332	半导体	非平凡
4	0.367	0.367	半导体	非平凡
6	0.360	0.374	半导体	非平凡
8	0.335	0.367	半导体	非平凡

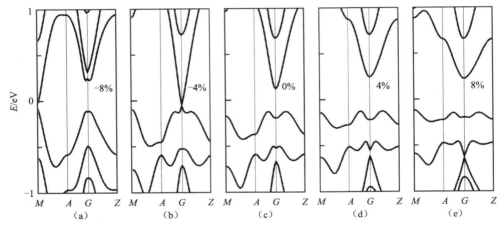

图 8-5 氢化 Pb$_2$GaBi 体系的电子能带图受应力变化图

表 8-4 应力对 Gamma 点处氢化 Pb$_2$GaBi 体系的拓扑不变量的影响

应力/%	Gamma 点处 20 条自旋简并电子占据能带奇偶性																				Z_2
-8	+	−	+	−	−	+	+	−	+	−	+	−	+	−	+	−	+	−	+	(+)	平凡
-6	+	−	+	−	−	+	+	−	+	−	+	+	−	+	−	+	−	+	+	(+)	平凡
-4	+	−	+	−	+	+	−	+	−	+	−	+	−	+	−	+	−	+	−	(−)	非平凡
-2	+	−	−	+	+	−	+	−	+	−	+	+	−	+	−	+	−	+	−	(−)	非平凡
0	+	−	−	+	+	−	+	−	+	−	+	+	−	+	−	+	−	+	−	(−)	非平凡
2	+	−	−	+	+	−	+	−	+	−	+	+	−	+	−	+	−	+	−	(−)	非平凡
4	+	−	−	+	+	−	+	−	+	−	+	+	−	+	−	+	−	+	−	(−)	非平凡
6	+	−	−	+	+	−	+	−	+	−	+	+	−	+	−	+	−	+	−	(−)	非平凡
8	+	−	−	+	+	+	+	−	+	−	+	+	−	+	−	−	+	−	+	(−)	非平凡

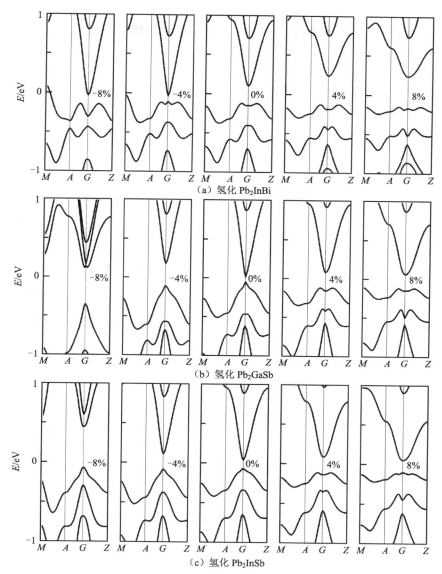

图 8-6　氢化 Pb_2XY 体系的电子能带受应力的影响变化

8.4　一维纳米条带表面态

既然拓扑绝缘体的特殊之处存在于其体结构的绝缘性和表面电子态的导电性，在验证了其体结构具有由自旋-轨道耦合作用引发的电子带隙后，必须对其表面电子态进行研究。对于二维拓扑绝缘体而言,其表面态出现在边缘处,也就是说氢化 Pb_2XY 体系的一维条带边缘处存在特殊的表面电子态。与石墨烯条带类似,由二维氢化 Pb_2XY 剪切得到的一维纳米条带根据条带取向的不同,可以分为扶手椅型和锯齿型,本书以扶手椅型的 Pb_2InBi 条带和锯齿型 Pb_2GaBi 条带为例对其电子能带进行计算,同样利用 VASP 软件对其一维条带进行电子计算,充分考虑了自旋-轨道耦合作用。电子能带计算过程中,截断能设置为 520 eV,电子自洽收敛标准为相邻两次自洽能量值差异小于 10^{-6} eV。由于条带模型为一维体系,只需在一个维度上设置 k 点网格,在这里采用了 $2×1×1$ MonkHorst-Pack 方法的 k 点网格对布里渊区进行划分。电子能带计算路径为高对称点路径"$-X(-0.5, 0, 0)$—$G(0, 0, 0)$—$X(0.5, 0, 0)$",最终得到的电子能带结构如图 8-7 所示。

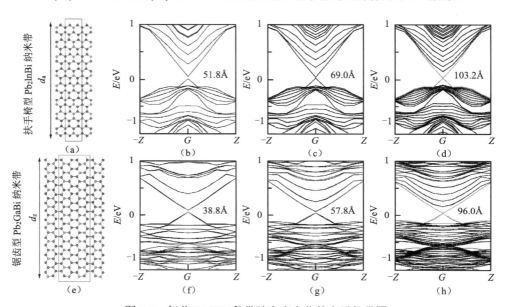

图 8-7 氢化 Pb_2XY 条带随宽度变化的电子能带图

随着扶手椅型的 Pb_2InBi 条带的条带宽度从 51.8 Å、69.0 Å 增大到 103.2 Å,锯齿型的 Pb_2GaBi 条带的条带宽度从 38.8 Å、57.8 Å 增大到 96.0 Å,可以发现一致的规律:当条带宽度较小时,条带体系的电学特性与二维体结构类似,依旧呈现半导体特性,此时电子带隙的存在来源于条带两边处电子表面态的耦合作用[7],该耦合作用引发了一个成键-反键带隙。随着条带宽度的增加,条带两边电子表面态之间距离变远,耦合作用逐渐减弱,减弱到一定程度后,在 Gamma 点处价带和导带就会接近并相交于狄拉克点,呈现导电表面态。在图 8-7 中,条带边缘的导电表面态呈现出逐渐靠近并最终相交的过程。综上所述,氢化 Pb_2XY 体系的一维条带的确存在导电表面态,直观地展示了拓扑绝缘体的表面导电特性。

参 考 文 献

[1] 王晓明. 低维碳材料热及热电输运的第一性原理研究[D]. 广州：中山大学. 2014.

[2] 陈楷炫. 二维材料热特性的第一性原理研究[D]. 广州：中山大学. 2017.

[3] Andriotis A N, Richter E, Menon M. Prediction of a new graphenelike Si_2BN solid[J]. Phys Rev B, 2016, 93(8): 081413.

[4] Ma Y, Dai Y, Kou L, et al. Robust two-dimensional topological insulators in methyl-functionalized bismuth, antimony, and lead bilayer films[J]. Nano Lett, 2015, 15(2): 1083-1089.

[5] Aktürk E, Aktürk O Ü, Ciraci S. Single and bilayer bismuthene: stability at high temperature and mechanical and electronic properties[J]. Phys Rev B, 2016, 94(1): 014115.

[6] Crisostomo C P, Yao L Z, Huang Z Q, et al. Robust large gap two-dimensional topological insulators in hydrogenated III-V buckled honeycombs[J]. Nano Lett, 2015, 15(10): 6568-6574.

[7] Lima E N, Schmidt T M, Nunes R W. Topologically protected metallic states induced by a one-dimensional extended defect in the bulk of a 2D topological insulator[J]. Nano Lett, 2016, 16(7): 4025-4031.

附录一 名词释义

第一性性原理（first-principles, FP）

只要给定原子种类和原子结构，不需要其他经验参数，便可以研究体系物理性质的计算方法。

密度泛函理论（density functional theory, DFT）

从电子结构出发，对原子体系的物性进行描述的理论计算方法，通过基于 Kohn-Sham 方程的解所得到的电子密度来对体系的其他性质进行计算。

弹道输运（ballistic transport, BT）

当体系的尺寸小于平均自由程时，可近似认为在粒子输运过程中不发生碰撞，此时的输运模式即可用弹道机制来描述。

朗道尔公式（Landauer formula, LF）

用于研究体系弹道输运的方程，由 Landauer 提出。

玻尔兹曼输运（Boltzmann transport equation, BTE）

介观体系中的粒子输运机制，在此机制下扩散输运占主导。

分子动力学（molecular dynamics, MD）

由牛顿力学规律所决定的运动机制。

热电材料（thermoelectric material, TM）

用于热能与电能之间转换的新能源材料。

热电因子（thermoelectric factor, TF）

决定材料热电性能的物理量，包括泽贝克系数、电导和热导。

声子（phonon）

一种准粒子，物理意义为一份振动的能量，每种不同的振动频率对应着一份能量。

声子谱（phonon dispersion）

振动频率与声子波矢的关系，也称为色散曲线。

热导（thermal conductance）

材料在微观尺度下的本征导热属性，与体系尺度不存在关系，可由电子和声子共同贡献。

电子/声子透射系数（electronic/phononic transmittance）

透射值与频率（能量）之间的关系，对于一维材料而言，透射值表示在某一频率（能量）下所存在的电子/声子传输通道数。

电子能带（electronic band structure）

电子能量与电子波矢的关系，可用于描述电子结构，具有重要的物理意义。

电子带隙（electronic bandgap）

在电子能带结构中，最低导带与最高价带之间的能级差，若大于零则表示体系为半导体或者绝缘体，小于零则表示体系为金属性。

拓扑绝缘体（topological insulator, TI）

体结构绝缘而表面或边缘处存在导电态的一类结构，导电表面态受时间反演对称性的拓扑性质保护。

拓扑不变量（topological invariant, Z_2）

判断一个材料是否为拓扑绝缘体的参数，对于二维材料，若拓扑不变量为 1 则表示体系为非平凡的拓扑特性，为拓扑绝缘体材料。

二维材料（two-dimensional material, TDM）

有一个维度处于纳米级别的平面材料。

石墨烯（graphene）

由碳原子组成的二维平面材料，结构上呈现为蜂窝状的六方晶格体系。

石墨炔（graphyne）

结构上可看作在石墨烯的碳碳键中间插入炔键而形成，为单原子厚度的二维材料。

碳纳米管（carbon nanotube, CNT）

结构上可看作由石墨烯通过卷曲而形成的一维管状材料。

石墨炔纳米管（graphyne nanotube, GNT）

结构上可看作由石墨炔通过卷曲而形成的一维管状材料。

六方氮化硼（hexagonal boron nitride, HBN）

一种单原子厚度二维材料，结构上可视为将石墨烯单胞中的两个碳原子分别用氮和硼原子取代。

碳化硅（silicon carbide, SC）

一种电子元件材料，广泛应用于集成电路中。

硅烯/锗烯（silicene/germanene）

一种新型二维材料，结构上与石墨烯类似，同为六方晶格体系，但在垂直方向上存在褶皱起伏。

过渡金属硫系化合物（transition metal dichalcogenide, TMD）

一种新型二维材料，由过渡金属 M 和硫族元素 X 组成，典型的分子式为 MX_2。

磷烯（phosphorene）

一种由磷原子构成的新型二维材料，具有各向异性，存在褶皱型和弯曲型的结构。

附录二 自编程序代码

本书基于密度泛函理论得到的声子力常数矩阵和电子哈密顿矩阵，自行编写的小程序运用朗道尔公式法来研究体系的弹道输运机制。现将其中声子热导（TranPh2Kappa.f90）和热电因子（Tran2Property.f90）的计算代码附上供读者参考。

1. TranPh2Kappa.f90

```
MODULE constants
  !transport properties by NEGF
  IMPLICIT NONE
  SAVE
  INTEGER, PARAMETER :: dbl = selected_real_kind (14, 200)
  REAL (dbl) , PARAMETER :: pi     = 3.14159265358979323846
  REAL (dbl) , PARAMETER :: tpi    = (2.0 * pi)
  REAL (dbl) , PARAMETER :: H_PLANCK_SI     = 6.62606896D-34   ! J s
  REAL (dbl) , PARAMETER :: H_PLANCK_EV     = 4.13566743D-15   ! eV s
  REAL (dbl) , PARAMETER :: K_BOLTZMANN_SI  = 1.3806504D-23    ! J K^-1
  REAL (dbl), PARAMETER :: H_BAR_SI = (H_PLANCK_SI / TPI)   ! J s
  REAL (dbl), PARAMETER :: H_BAR_EV = (H_PLANCK_EV / TPI)   ! J s
  REAL (dbl) , PARAMETER :: HARTREE_SI    = 4.35974394D-18    ! J
  REAL (dbl) , PARAMETER :: RYDBERG_SI    = (HARTREE_SI/2.0)  ! J
  REAL (dbl) , PARAMETER :: BOHR_RADIUS_SI = 0.52917720859D-10 ! m
```

```fortran
  REAL (dbl) , PARAMETER :: ANGSTROM_SI     = 1.0D-10 ! m
  REAL (dbl) , PARAMETER :: AMU_SI           = 1.660538782D-27 ! Kg
  REAL (dbl) , PARAMETER :: ELECTRONVOLT_SI  = 1.602176487D-19 ! J
  REAL (dbl) , PARAMETER :: ELECTRON_SI      = -1.602176487D-19 ! C
  !Fermi-Dirac distribution f (E, mu, T) = 1/ (exp ( (E - mu) / (kb*T) ) + 1)
  !Bose-Einstein distribution n (w, T) = 1/ (exp (h_bar*w/ (kb*T) - 1) )
  INTEGER :: opt, nsource, nT, n_ph, nGrid
  REAL (dbl) :: T, area, k_0
  CHARACTER (64) :: strForm, phononfile, resultsuffix, structurename (4)
  REAL (dbl) , ALLOCATABLE :: tran_ph (:, :) , temp (:, :), kappa_ph (:, :)
  CONTAINS
  REAL (dbl) FUNCTION simpson (FX, n, H)
    IMPLICIT NONE
    REAL (dbl) :: FX (:)
    REAL (dbl) :: H
    REAL (dbl) :: F4
    REAL (dbl) :: F2
    INTEGER :: I, Nodes, n
    Nodes = (n - 1) /2 ! n must be an odd number!
    F4 = 0.0
    F2 = 0.0
    DO I = 2, 2*Nodes
        IF (0 == MOD (I, 2) ) THEN
          F4 = F4 + FX (I)
        ELSE
          F2 = F2 + FX (I)
        ENDIF
    ENDDO
```

```
    simpson= H / 3.0 * (FX (1) + FX (n) + 4.0*F4 + 2.0*F2)
    RETURN
  END FUNCTION simpson
SUBROUTINE   Tran_Interpolation  (oldsize, oldmatrix, n,
newmatrix)
  IMPLICIT NONE
  INTEGER, PARAMETER :: dbl = selected_REAL_kind (14, 200)
  INTEGER :: oldsize, n
  REAL (dbl) :: oldmatrix (oldsize, 2)
  REAL (dbl) , ALLOCATABLE :: oldcopy (:, :) , newmatrix
(:, :) , temp (:, :)
  INTEGER :: newsize, ii, jj
  ALLOCATE (oldcopy (oldsize, 2) )
  oldcopy=oldmatrix
  DO
    newsize = 3*oldsize -2
    ALLOCATE ( temp (2*oldsize-2, 2) )
    DO ii=1, 1*oldsize-1
      temp (2*ii-1, 1) = oldcopy (ii, 1) + (oldcopy (ii+1, 1)
-oldcopy (ii, 1) ) /3
      temp (2*ii, 1) = oldcopy (ii, 1) + (oldcopy (ii+1, 1)
-oldcopy (ii, 1) ) *2/3
      temp (2*ii-1, 2) = oldcopy (ii, 2)
      temp (2*ii, 2) = oldcopy (ii+1, 2)
    ENDDO
    ALLOCATE ( newmatrix (newsize, 2) )
    jj=1
    DO ii=1, oldsize-1
      newmatrix (jj, :) =oldcopy (ii, :)
      jj=jj+1
      newmatrix (jj, :) =temp (2*ii-1, :)
      jj=jj+1
      newmatrix (jj, :) =temp (2*ii, :)
      jj=jj+1
    ENDDO
```

```fortran
      newmatrix (jj, :) =oldcopy (oldsize, :)
      IF (n<newsize)   EXIT
      oldsize = newsize
      DEALLOCATE (oldcopy)
      ALLOCATE (oldcopy (oldsize, 2) )
      oldcopy = newmatrix
      DEALLOCATE (temp)
      DEALLOCATE (newmatrix)
    ENDDO
  END SUBROUTINE Tran_Interpolation
END MODULE constants
PROGRAM TranPh2Kappa
  USE constants
  IMPLICIT NONE
  LOGICAL :: tExist
  CHARACTER (64) :: commandlist (2), tempname
  ! configure file "TranPh2Kappa.in" must exist in the root directory
  INQUIRE (file="TranPh2Kappa.in", exist=tExist)
  IF (.not.tExist) WRITE (*, *) "There is no TranPh2Kappa.in"
  OPEN (10, file="TranPh2Kappa.in")
  READ (10, *) commandlist, opt
  READ (10, *) commandlist, T
  READ (10, *) commandlist, nT
  READ (10, *) commandlist, nGrid
  READ (10, *) commandlist, phononfile
  READ (10, *) commandlist, resultsuffix
  READ (10, *) commandlist, tempname
  READ (10, *) commandlist, area
  CLOSE (10)
  structurename = tempname
  CALL maincalculation
END PROGRAM TranPh2Kappa
SUBROUTINE maincalculation
  USE constants
```

```
IMPLICIT NONE
INTEGER :: ii, jj, kk, ierr
ALLOCATE (kappa_ph (nT, 2) )
OPEN (20, file = phononfile)
n_ph = 0
DO
  READ (20, *, iostat = ierr)
  IF (ierr /= 0) EXIT
  n_ph = n_ph + 1
ENDDO
REWIND (20)
ALLOCATE (tran_ph (n_ph, 2) )
READ (20, *) (tran_ph (ii, :) , ii = 1, n_ph)
CLOSE (20)
IF (n_ph<nGrid) THEN
  CALL Tran_Interpolation (n_ph, tran_ph, nGrid, temp)
  n_ph = size (temp, dim=1)
  DEALLOCATE (tran_ph)
  ALLOCATE (tran_ph (n_ph, 2) )
  tran_ph = temp
  DEALLOCATE (temp)
ENDIF
OPEN (10, file="tran_ph_expand"//resultsuffix)
WRITE (10, ' (f15.9, 2x, f15.9) ') (tran_ph (ii, :) , ii= 1, n_ph)
CLOSE (10)
OPEN (10, file="tran_ph_origin"//resultsuffix)
WRITE (10, ' ("Transmittance", 2x, "Frequency") ')
WRITE (10, ' ("Transmittance", 2x, "cm\+(-1)") ')
WRITE (10, " (2(A, 2x) ) ") "Transmittance", "Vibration_Frequency"
WRITE (10, ' (f15.9, 2x, f15.9) ') ((tran_ph (ii, 2), tran_ph (ii, 1)*0.45067*8065.541154), ii= 1, n_ph)
CLOSE (10)
! make tran_ph (:, 1) in SI unit
```

```fortran
      tran_ph (:, 1) = tran_ph (:, 1) *SQRT (RYDBERG_SI/AMU_SI)
/BOHR_RADIUS_SI
    OPEN (10, file="tran_ph_new"//resultsuffix)
    WRITE (10, *) (tran_ph (ii, :) , ii= 1, n_ph)
    CLOSE (10)
    CALL phonon
    WRITE (*, *) "Calculation is done!"
    WRITE (*, *) "Congratulations!"
    RETURN
END SUBROUTINE maincalculation
SUBROUTINE phonon
    USE constants
    IMPLICIT NONE
    REAL (dbl) :: DeltaT, DeltaOmg, alpha, beta, Derivative
(n_ph)
    INTEGER :: ii, jj
    DeltaT = T/nT
    OPEN (30, file = "kappa_ph"//resultsuffix)
    ! alpha = h_bar*w/ (kb*T)
    ! beta = alpha^2/ (2*COSH (alpha) -1)
    WRITE (30, ' ("Temperature", 2x, "σ\-(ph)", 2x, "σ\-(ph)/A",
2x, "σ\-(0)", 2x, "σ\-(ph)/σ\-(0)") ')
    WRITE (30, ' ("K", 2x, "nWK\+(-1)", 2x, "GWm\+(-2)K\+(-1)",
2x, "nWK\+(-1)" )')
    WRITE    (30,    "    (5(A,    2x)    )    ")    "temperature",
(trim(structurename(ii)), ii = 1,4)
    DO ii=1, nT
      kappa_ph (ii, 1) = ii*DeltaT
      DO jj=1, n_ph
        alpha = H_BAR_SI*tran_ph (jj, 1) / (K_BOLTZMANN_SI*kappa_
ph (ii, 1) )
        IF (alpha<1.0d-6) THEN
          beta = 1.0_dbl
        ELSEIF (alpha<200) THEN
          beta = alpha**2/2.0/ (COSH (alpha) - 1.0)
```

```
      ELSE
         beta = 0.0_dbl
      END IF
      Derivative (jj) = beta*K_BOLTZMANN_SI*tran_ph (jj, 2)
/tpi
      ENDDO
      ! kappa_ph = h_bar/ (2*pi) *SUM (omg*DeltaOmg*trans_ph*
delta_n/delta_T)
      kappa_ph (ii, 2) = simpson (Derivative, n_ph, DeltaOmg)*
1.0d9
      ! k_0 is the quantum thermal conductance at low-temperature
limit, defined as k0=(πkb)^2*T / 3h    ! W / K
      k_0 = pi**2 * K_BOLTZMANN_SI**2 * kappa_ph(ii, 1) / 3 /
H_PLANCK_SI * 1.0d9
      WRITE (30, ' (f18.11, 2x, 1p4e20.11e3) ') kappa_ph (ii, 1),
kappa_ph (ii, 2), kappa_ph (ii, 2)/area, k_0, kappa_ph (ii,
2)/k_0
   ENDDO
   CLOSE (30)
   RETURN
END SUBROUTINE phonon
```

2. Tran2Property.f90

```
MODULE constants
   !transport properties by NEGF
   IMPLICIT NONE
   SAVE
   INTEGER, PARAMETER :: dbl = selected_real_kind (14, 200)
   REAL (dbl) , PARAMETER :: pi       = 3.14159265358979323846
   REAL (dbl) , PARAMETER :: tpi      = 2.0 * pi
   REAL (dbl) , PARAMETER :: H_PLANCK_SI     = 6.62606896D-34
    ! J s
   REAL (dbl) , PARAMETER :: K_BOLTZMANN_SI  = 1.3806504D-23
    ! J K^-1
```

```fortran
  REAL (dbl) , PARAMETER :: H_BAR_SI     = H_PLANCK_SI / tpi   ! J s
  REAL (dbl) , PARAMETER :: HARTREE_SI     = 4.35974394D-18  ! J
  REAL (dbl) , PARAMETER :: RYDBERG_SI     = HARTREE_SI/2.0  ! J
  REAL (dbl) , PARAMETER :: BOHR_RADIUS_SI  = 0.52917720859D-10 ! m
  REAL (dbl) , PARAMETER :: AMU_SI         = 1.660538782D-27  ! Kg
  REAL (dbl) , PARAMETER :: ELECTRONVOLT_SI = 1.602176487D-19  ! J
  REAL (dbl) , PARAMETER :: ELECTRON_SI    =-1.602176487D-19  ! C
  !Fermi-Dirac distribution f (E, mu, T) = 1/ (exp ( (E - mu) / (kb*T) ) + 1)
  !Bose-Einstein distribution n (w, T) = 1/ (exp (h_bar*w/ (kb*T) - 1) )
  INTEGER :: opt, nT, nMiu, ElectronGrid, PhononGrid, verbosity
  INTEGER :: n_ph, n_el, nTotalMiu
  REAL (dbl) :: T, Miu, area
  CHARACTER (64) :: strForm, phononfile, electronfile, resultsuffix, structurename (7)
  REAL (dbl) , ALLOCATABLE :: tran_ph (:, :), kappa_ph (:, :), Derivative(:)
  REAL (dbl) :: alpha, beta, gamma, aux_el, DeltaT, DeltaE, DeltaOmg, DeltaMiu, iMiu, iT
  REAL (dbl) , ALLOCATABLE :: tran_el (:, :) , temp (:, :) , &
  L0 (:, :) , L1 (:, :) , L2 (:, :) , G (:, :) , &&Peltier (:, :) , Seeback (:, :) , Power (:, :) , kappa_el (:, :) , &
  & ZT (:, :) , L0_temp (:) , L1_temp (:) , L2_temp (:)
 CONTAINS
  REAL (dbl) FUNCTION simpson (FX, n, H)
    IMPLICIT NONE
```

```
    REAL (dbl) :: FX (:)
    REAL (dbl) :: H
    REAL (dbl) :: F4
    REAL (dbl) :: F2
    INTEGER :: I, Nodes, n
    Nodes = (n - 1) /2   ! n must be an odd number!
    F4 = 0.0
    F2 = 0.0
    DO I = 2, 2*Nodes
        IF (0 == MOD (I, 2) ) THEN
           F4 = F4 + FX (I)
        ELSE
           F2 = F2 + FX (I)
        ENDIF
    ENDDO
    simpson= H / 3.0 * (FX (1) + FX (n) + 4.0*F4 + 2.0*F2)
    RETURN
  END FUNCTION simpson
SUBROUTINE Interpolation (oldsize, oldmatrix, n, newmatrix)
  IMPLICIT NONE
  INTEGER, PARAMETER :: dbl = selected_real_kind (14, 200)
  INTEGER :: oldsize, n
  REAL (dbl) :: oldmatrix (oldsize, 2)
  REAL (dbl) , ALLOCATABLE :: oldcopy (:, :) , newmatrix (:, :) , temp (:, :)
  INTEGER :: newsize, ii, jj
  ALLOCATE (oldcopy (oldsize, 2) )
  oldcopy=oldmatrix
  DO
    newsize = 3*oldsize -2
    ALLOCATE ( temp (2*oldsize-2, 2) )
    DO ii=1, 1*oldsize-1
      temp (2*ii-1, 1) = oldcopy (ii, 1) + (oldcopy (ii+1, 1) -oldcopy (ii, 1) ) /3
      temp (2*ii, 1) = oldcopy (ii, 1) + (oldcopy (ii+1, 1)
```

```
      -oldcopy (ii, 1) ) *2/3
        temp (2*ii-1, 2) = oldcopy (ii, 2)
        temp (2*ii, 2) = oldcopy (ii+1, 2)
      ENDDO
      ALLOCATE ( newmatrix (newsize, 2) )
      jj=1
      DO ii=1, oldsize-1
        newmatrix (jj, :) =oldcopy (ii, :)
        jj=jj+1
        newmatrix (jj, :) =temp (2*ii-1, :)
        jj=jj+1
        newmatrix (jj, :) =temp (2*ii, :)
        jj=jj+1
      ENDDO
      newmatrix (jj, :) =oldcopy (oldsize, :)
      IF (n<newsize)   EXIT
      oldsize = newsize
      DEALLOCATE (oldcopy)
      ALLOCATE (oldcopy (oldsize, 2) )
      oldcopy = newmatrix
      DEALLOCATE (temp)
      DEALLOCATE (newmatrix)
    ENDDO
END SUBROUTINE Interpolation
END MODULE constants
PROGRAM Tran2Property
  USE constants
  IMPLICIT NONE
  LOGICAL :: tExist
  INTEGER :: ii
  CHARACTER (64) :: commandlist (2), tempname
  ! configure file "Tran2Property.in" must exist in the root directory
  inquire (file="Tran2Property.in", exist=tExist)
  IF (.not.tExist) WRITE (*, *) "There is no Tran2Property.in"
```

```fortran
  ! READing configure file
  OPEN (10, file="Tran2Property.in")
  READ (10, *) commandlist, opt
  READ (10, *) commandlist, T
  READ (10, *) commandlist, nT
  READ (10, *) commandlist, Miu
  READ (10, *) commandlist, nMiu
  READ (10, *) commandlist, ElectronGrid
  READ (10, *) commandlist, PhononGrid
  READ (10, *) commandlist, phononfile
  READ (10, *) commandlist, electronfile
  READ (10, *) commandlist, resultsuffix
  READ (10, *) commandlist, tempname
  READ (10, *) commandlist, verbosity
  READ (10, *) commandlist, area
  CLOSE (10)
  structurename = tempname
  CALL maincalculation
END PROGRAM Tran2Property
SUBROUTINE maincalculation
  USE constants
  IMPLICIT NONE
  INTEGER :: ii, jj, kk, ierr
  IF (opt==1 .OR. opt==3) THEN
    OPEN (20, file = phononfile)
    n_ph = 0
    DO
      READ (20, *, iostat = ierr)
      IF (ierr /= 0) EXIT
      n_ph = n_ph + 1
    ENDDO
    REWIND (20)
    ALLOCATE (tran_ph (n_ph, 2), kappa_ph (nT, 2), Derivative (n_ph))
    READ (20, *) (tran_ph (ii, :) , ii = 1, n_ph)
```

```
    ! make tran_ph (:, 1) in SI unit
    tran_ph (:, 1) = tran_ph (:, 1) *sqrt (RYDBERG_SI/AMU_SI)
/BOHR_RADIUS_SI
    CLOSE (20)
    CALL phonon
  ENDIF
  IF (opt == 1) RETURN
  IF (opt==2 .OR. opt==3) THEN
    CALL electron
  ENDIF
  IF (opt == 2) RETURN
  CALL thermoelectric
  WRITE (*, *) "Calculation is DOne!"
  WRITE (*, *) "Congratulations!"
  RETURN
END SUBROUTINE maincalculation
SUBROUTINE phonon
  USE constants
  IMPLICIT NONE
  INTEGER :: ii, jj
  DeltaT = T/nT
  DeltaOmg = tran_ph (2, 1) - tran_ph (1, 1)
  OPEN (30, file = "kappa_ph"//resultsuffix)
  ! alpha = h_bar*w/ (kb*T)
  ! beta = alpha^2/ (2*COSH (alpha) -1)
  DO ii=1, nT
    kappa_ph (ii, 1) = ii*DeltaT
    DO jj=1, n_ph
      alpha = H_BAR_SI*tran_ph (jj, 1) / (K_BOLTZMANN_SI*kappa_
ph (ii, 1) )
      IF (alpha<1.0d-6) THEN
        beta = 1.0_dbl
      ELSEIF (alpha<200) THEN
        beta = alpha**2/2.0/ (COSH (alpha) - 1.0)
      ELSE
```

```
      beta = 0.0_dbl
    END IF
    Derivative (jj) = beta*K_BOLTZMANN_SI*tran_ph (jj, 2) /tpi
  ENDDO
  ! kappa_ph = h_bar/ (2*pi) *SUM (omg*DeltaOmg*trans_ph* delta_n/delta_T)
    kappa_ph (ii, 2) = simpson (Derivative, n_ph, DeltaOmg)
    WRITE (30, ' (f18.11, 2x, 1pe18.11) ') kappa_ph (ii, :)
  ENDDO
  CLOSE (30)
  RETURN
END SUBROUTINE phonon
SUBROUTINE electron
  USE constants
  IMPLICIT NONE
  INTEGER :: ii, jj, kk, mm, nn, ierr
  OPEN (11, file = electronfile)
  n_el = 0
  DO
    READ (11, *, iostat = ierr)
    IF (ierr /= 0) EXIT
    n_el = n_el + 1
  ENDDO
  REWIND (11)
  ALLOCATE (tran_el (n_el, 2) )
  READ (11, *) (tran_el (ii, :) , ii = 1, n_el)
  CLOSE (11)
  IF (n_el<ElectronGrid) THEN
    CALL Interpolation (n_el, tran_el, ElectronGrid, temp)
    DEALLOCATE (tran_el)
    n_el = size (temp, dim=1)
    ALLOCATE (tran_el (n_el , 2) )
    tran_el = temp
    DEALLOCATE (temp)
```

```
    ENDIF
    OPEN (10, file="tran_el_expand"//resultsuffix)
    WRITE (10, ' (f15.9, 2x, f15.9) ') (tran_el (ii, :) , ii=1, n_el)
    CLOSE (10)
    RETURN
END SUBROUTINE electron
SUBROUTINE thermoelectric
USE constants
    IMPLICIT NONE
    INTEGER :: ii, jj, kk, mm, nn, ierr
    tran_el (:, 1) = tran_el (:, 1) *ELECTRONVOLT_SI
    DeltaE = tran_el (2, 1) - tran_el (1, 1)
    DeltaT = T/nT
    DeltaMiu = Miu/nMiu
    nTotalMiu = 2*nMiu + 1
    ALLOCATE (L0 (nTotalMiu, nT) , L1 (nTotalMiu, nT) , L2 (nTotalMiu, nT) , G (nTotalMiu, nT) , &
            & Peltier (nTotalMiu, nT) , Seeback (nTotalMiu, nT) , Power (nTotalMiu, nT) , &
            & kappa_el (nTotalMiu, nT) , ZT (nTotalMiu, nT) )
    ALLOCATE (L0_temp (n_el) , L1_temp (n_el) , L2_temp (n_el) )
    OPEN (10, file="total"//resultsuffix)
    WRITE (10, ' ("µ", 2x, "Temperature", 2x, "G", &
        2x, "Peltier", 2x, "S", 2x, "PF", 2x, "σ\-(el) ", 2x, "σ\-(el)/A ", &
        2x, "ZT") ')
    WRITE (10, ' ("eV", 2x, "K", 2x, "G\-(0) ", &
        2x, "Peltier", 2x, "mVK\+(-1)", 2x, "nWK\+(-2)", 2x, "nWK\+(-1)", 2x, "GWm\+(-2)K\+(-1)") ')
    WRITE (10, " (9 (A, 1x) ) ") "chemical_potential", "temperature", (trim(structurename(ii)), ii = 1,7)
    DO mm = -nMiu, nMiu
        ii = mm+nMiu+1
        iMiu = mm * DeltaMiu
```

```
   DO jj = 1, nT
     iT = jj*DeltaT
     !define the Lorenz FUNCTION
     DO kk = 1, n_el
       beta = K_BOLTZMANN_SI*iT
       gamma = tran_el (kk, 1) - iMiu*ELECTRONVOLT_SI
       ! alpha = (E-mu) / (kb*T)
       alpha = gamma/beta
       ! -df/de = 1/2kT (1+cosh (alpha) )
         aux_el = 1.0/ (2.0*beta* (1.0 + COSH (alpha) ) )
       L0_temp (kk) = 2.0/H_PLANCK_SI*tran_el (kk, 2) *aux_el
       L1_temp (kk) = L0_temp (kk) *gamma
       L2_temp (kk) = L1_temp (kk) *gamma
     ENDDO
     L0 (ii, jj) = simpson (L0_temp, n_el, DeltaE)
     L1 (ii, jj) = simpson (L1_temp, n_el, DeltaE)
     L2 (ii, jj) = simpson (L2_temp, n_el, DeltaE)
     G (ii, jj) = L0 (ii, jj) *H_PLANCK_SI/2.0 ! Unit is 2e^2/h
     Peltier (ii, jj) = L1 (ii, jj) / (ELECTRON_SI*L0 (ii, jj) )
     Seeback (ii, jj) = 1.0/ (ELECTRON_SI*iT) * (L1 (ii, jj) /L0 (ii, jj) )
     Power (ii, jj) = Seeback (ii, jj) **2*ELECTRON_SI**2*L0 (ii, jj)
     kappa_el (ii, jj) = 1.0/iT* (L2 (ii, jj) - L1 (ii, jj) **2/L0 (ii, jj) )
     ZT (ii, jj) = Power (ii, jj) *iT/ (kappa_el (ii, jj) + kappa_ph (jj, 2) )
     WRITE (10, ' (f10.5, f10.4, 2x, 1p7e20.11e3) ') iMiu, iT, G (ii, jj) , Peltier (ii, jj) , &
             &Seeback (ii, jj) *1.0d3, Power (ii, jj) *1.0d9, kappa_el (ii, jj) *1.0d9, kappa_el (ii, jj) /area *1.0d9, ZT (ii, jj)
   ENDDO
```

```
      ENDDO
      CLOSE (10)
      WRITE (strForm, " (A, I0, A) ") " (1p", nT, "e20.11e3) "
      mm = 2*nMiu+1
      ! rows are Miu (top-DOwn) , collums are temperature
(left-right) .
      IF (verbosity==2) THEN
        OPEN (10, file="Electron_Conductance"//resultsuffix)
        WRITE (10, strForm) (G (ii, :) , ii=1, mm)
        CLOSE (10)
        OPEN (10, file="Peltier"//resultsuffix)
        WRITE (10, strForm) (Peltier (ii, :) , ii=1, mm)
        CLOSE (10)
        OPEN (10, file="Seeback"//resultsuffix)
        WRITE (10, strForm) (Seeback (ii, :) *1.0d3, ii=1, mm)
        CLOSE (10)
        OPEN (10, file="Power_Factor"//resultsuffix)
        WRITE (10, strForm) (Power (ii, :) *1.0d9, ii=1, mm)
        CLOSE (10)
        OPEN (10, file="kappa_el"//resultsuffix)
        WRITE (10, strForm) (kappa_el (ii, :) *1.0d9, ii=1, mm)
        CLOSE (10)
        OPEN (10, file="ZT"//resultsuffix)
        WRITE (10, strForm) (ZT (ii, :) , ii=1, mm)
        CLOSE (10)
      ENDIF
      DEALLOCATE (L0, L1, L2, G, Peltier, Seeback, Power, kappa_el, tran_el, L0_temp, & L1_temp, L2_temp, ZT)
      RETURN
END SUBROUTINE thermoelectric
```